U0394885

新时代乡村振兴百问百答丛书　何　丞/主编

乡村
防灾减灾
百问百答

洪　凯/编著

SPM

南方出版传媒

广东人民出版社

·广州·

图书在版编目（CIP）数据

乡村防灾减灾百问百答 / 洪凯编著. —广州：广东人民出版社，2019.9
（新时代乡村振兴百问百答丛书）
ISBN 978-7-218-13685-1

Ⅰ. ①乡… Ⅱ. ①洪… Ⅲ. ①农村—灾害防治—问题解答 Ⅳ. ①X4-44

中国版本图书馆 CIP 数据核字（2019）第 136858 号

XIANGCUN FANGZAI JIANZAI BAIWENBAIDA

乡村防灾减灾百问百答

洪 凯 编著

版权所有 翻印必究

出 版 人：肖风华

责任编辑：卢雪华 李尔王 李 钦
封面设计：末末美书
插画绘图：詹颖钰
责任技编：周 杰 吴彦斌 周星奎

出版发行：广东人民出版社
地 址：广州市海珠区新港西路 204 号 2 号楼（邮政编码：510300）
电 话：(020) 85716809（总编室）
传 真：(020) 85716872
网 址：http://www.gdpph.com
印 刷：佛山市浩文彩色印刷有限公司
开 本：889mm×1194mm 1/32
印 张：9 字 数：206 千
版 次：2019 年 9 月第 1 版 2019 年 9 月第 1 次印刷
定 价：38.00 元

总　序

　　党的十九大提出实施乡村振兴战略，是以习近平同志为核心的党中央着眼党和国家事业全局，深刻把握现代化建设规律和城乡关系变化特征，顺应亿万农民对美好生活的向往，对"三农"工作作出的重大决策部署，是新时代做好"三农"工作的总抓手。习近平总书记十分关心乡村振兴工作，多次对乡村振兴工作作出部署或者具体指示。比如，2017 年 12 月习近平总书记主持召开中央农村工作会议，对走中国特色社会主义乡村振兴道路作出全面部署；2018 年 7 月，习近平总书记对实施乡村振兴战略作出重要指示，强调各地区各部门要充分认识实施乡村振兴战略的重大意义，把实施乡村振兴战略摆在优先位置，坚持五级书记抓乡村振兴，让乡村振兴成为全党全社会的共同行动；2018 年 9 月，习近平总书记在十九届中共中央政治局第八次集体学习会上，深刻阐述了实施乡村振兴战略的重大意义、总目标、总方针、总要求，强调实施乡村振兴战略要按规律办事，要注意处理好长期目标和短期目标的关系、顶层设计和基层探索的关系、充分发挥市场决定性作用和更好发挥政府作用的关系、增强群众获得感和适应发展阶段的关系；

2018 年 12 月，在中央农村工作会议上，习近平总书记对做好"三农"工作作出重要指示，要求深入实施乡村振兴战略，对标全面建成小康社会必须完成的"硬任务"，适应国内外环境变化对我国农村改革发展提出的新要求，统一思想、坚定信心、落实工作，巩固发展农业农村好形势。中共中央国务院也先后出台了《关于实施乡村振兴战略的意见》和《乡村振兴战略规划（2018—2022 年）》，对乡村振兴工作作了安排部署。

面对新时代新形势新任务新要求，我们深深感到，习近平总书记关于做好"三农"工作的重要论述，是实施乡村振兴战略、做好新时代"三农"工作的理论指引和行动指南。可以说，我们在乡村振兴工作实践中遇到的一切问题，都可以从习近平总书记的论述中找到答案，那是我们推进乡村振兴工作实践的教科书。另一方面，广大农民和农村基层党员干部、"三农"工作者迫切需要把思想和行动统一到党中央关于"三农"工作的一系列决策部署上来，准确把握习近平总书记重要讲话和批示指示的丰富内涵和精神实质，坚持用习近平总书记关于做好"三农"工作的重要论述武装头脑、指导实践、推动工作。

鉴于此，我们策划了这套《新时代乡村振兴百问百答丛书》。丛书准确把握习近平总书记关于实施乡村振兴的重要讲话精神，按照乡村振兴"产业兴旺、生态宜居、乡风文明、治理有效、生活富裕"的总要求，从农村基层党建、产业乡村、美丽乡村、幸福乡村、平安乡村、文明乡村、健康乡村、富裕乡村、安全乡村等九个方面为切入点，帮助与引导相结合，既宣讲中央精神，引导广大农民充分发挥在乡村振兴中的主体作用，也阐述了农民和农村基层党员干部、"三农"工作者急迫需要知晓的乡村振兴政策法规知识和科学常识，在乡村振兴路上为农民释疑解惑。

丛书的几位编者或出身农民，或从事农村基层工作，又或从事"三农"的科研教学。编者们既能学懂弄通习近平总书记和中央关于"三农"工作的精神和政策法规，也懂农民，懂"三农"工作者，所以丛书有如下几个特点：

一是农民需要。结合新时代乡村振兴的特点，紧跟农民紧迫需要，普及知识政策与教育引导相结合。讲鼓励、扶持政策，也讲限制、禁止的法律法规。

二是方便实用。丛书采取一问一答的形式，立足于农民和农村基层党员干部、"三农"工作者的实际需求，方便随时查阅。每个主题又独立成册，有独立的逻辑框架，政策性、知识性和实用性、指导性相结合。

三是农民看得懂。通俗易懂，尊重农民和农村基层干部阅读习惯，提问精准，符合农民和农村基层干部实际需要，答问文字晓畅清晰、科学准确。

四是生动有趣。丛书面向全国读者，没有地域局限性，有典型案例或者视频介绍，帮助读者理解。

当然，鉴于时间和编者水平有限等因素，丛书难免有所错漏，欢迎广大读者批评指正。

丛书主编 何平

2019 年 8 月

目 录
CONTENTS

第三章 地质灾害防治常识

第四章 预防溺水安全常识

第五章 预防人身伤害常识

第六章 燃气使用安全常识

第七章　农机安全常识

第八章　安全用电常识

第九章　农村建筑施工及自建房安全常识

第十章 农药安全使用常识

第十一章 交通安全常识

第十二章 消防安全常识

第十三章 校园安全常识

第十四章 食品安全常识

第十五章 公共卫生常识

第十六章　乡村应急常识

第一章

加强农村防灾减灾救灾能力建设是全面实施乡村振兴战略的重要任务

1. 为什么要推动农村防灾减灾救灾能力建设与乡村振兴相结合？

农村防灾减灾救灾工作事关人民群众的生命财产安全，事关社会稳定和经济全面协调可持续发展，是国家公共安全的重要组成部分，也是一项长期艰巨的重要工作，更是中国防灾减灾和救灾能力建设的难点、弱点与痛点。当前，农村各类防灾减灾基础设施滞后，农民群众防灾减灾与救灾的意识、知识和能力极为欠缺，应急救援队伍训练不足且装备落后，应急保障水平低下，防灾减灾与应急救援投入明显不足。近年来，各种自然灾害频发，加上农村较偏僻的地理位置、防灾减灾救灾体系不完善等问题造成农村地区受灾严重。普及防灾减灾和救灾常识已经成为全面加强农村防灾减灾和救灾能力建设的当务之急。

习近平总书记多次对农村防灾减灾工作作出重要指示，他强调："要加强气象、洪涝、地质灾害监测预警，紧盯各类重点隐患区域，开展拉网式排查，严防各类灾害和次生灾害发生。""要加强应急值守，全面落实工作责任，细化预案措施，确保灾情能够快速处置。""要全面准确评估灾害损失，按照以人为本、尊重自然、统筹兼顾、立足当前、着眼长远的科学重建要求，尽快启动灾后恢复重建规划编制工作，充分借鉴汶川特大地震灾后恢复重建成功经验，突出绿色发展、可持续发展理念，统筹基础设施、公共服务设施、生产设施、城乡居民住房建设，统筹群众生活、产业发展、新农村建设、扶贫开发、城镇化建设、社会事业发展、生态环境保护，提高建设工程抗震标准，提高规划编制科学化水平。"

2016 年 10 月 11 日，中央全面深化改革领导小组第二十八次会议提出要推进防灾减灾救灾体制机制改革。全面提升农村防灾减灾救灾能力，要客观全面地认识新农村建设要求给防灾减灾救灾工作带来的挑战，要推动农村防灾减灾救灾能力建设与美丽乡村建设相结合、与经济社会发展相协调，最大限度避免和减轻灾害造成的人员伤亡和财产损失。

2018 年 9 月中共中央、国务院印发的《乡村振兴战略规划（2018—2022 年）》明确指出："坚持以防为主、防抗救相结合，坚持常态减灾与非常态救灾相统一，全面提高抵御各类灾害综合防范能力。加强农村自然灾害监测预报预警，解决农村预警信息发布'最后一公里'问题。加强防灾减灾工程建设，推进实施自然灾害高风险区农村困难群众危房改造。全面深化森林、草原火灾防控治理。大力推进农村公共消防设施、消防力量和消防安全管理组织建设，改善农村消防安全条件。推进自然灾害救助物资储备体系建设。开展灾害救助应急预案编制和演练，完善应对灾害的政策支持体系和灾后重建工作机制。"

2. 为什么说农村防灾减灾救灾能力建设是乡村振兴的重大挑战？

当前，中国农村防灾减灾救灾工作面临的挑战主要有：

一是法律体系不够健全，缺乏针对农村综合防灾减灾救灾规划的指导性规范。二是规划编制体系不完善，综合防灾减灾救灾规划体系以城市为主，没有专门针对农村的防灾减灾救灾规划编制体系，科学性和实施性较弱。三是农村防灾减灾救灾基础薄弱，青壮劳动力外流导致农村防灾减灾救灾缺乏基础性群众力量，防灾减灾救灾知识的宣传教育相对滞后，农村居民缺乏防灾减灾救灾知识及自救、互救技能。四是防灾减灾救灾科技支撑能力偏弱，灾害预警监测、信息报送、应急响应和应急救助的时效性有待提高。五是防灾减灾救灾人才和专业队伍建设相对滞后。

3. 普及防灾减灾常识有什么重要意义？

普及防灾减灾常识是培育新型农民、建设平安乡村的内在要求。习近平总书记指出，中国是世界上自然灾害最为严重的国家之一，灾害种类多，分布地域广，发生频率高，造成损失重，这是一个基本国情。中华人民共和国成立以来，特别是改革开放以来，我们不断探索，确立了以防为主、防抗救相结合的工作方针，国家综合防灾减灾救灾能力得到全面提升。我们要总结经验，进一步增强忧患意识、责任意识，坚持以防为主、防抗救相结合，坚持常态减灾和非常态救灾相统一，努力实现从注重灾后救助向注重灾前预防转变，从应对单一灾种向综合减灾转变，从减少灾害损失向减轻灾害风险转变，全面提升全社会抵御自然灾害的综合防范能力。

习近平总书记强调，防灾减灾救灾事关人民生命财产安全，事关社会和谐稳定，是衡量执政党领导力、检验政府执行力、评判国家动员力、体现民族凝聚力的一个重要方面。当前和今后一个时期内，要着力在提高农村住房设防水平和抗灾能力、加大灾害管理培训力度、建立防灾减灾救灾宣传教育长效机制、引导社会力量有序参与等方面进行努力。

4. 什么是政策性农业保险？

政策性农业保险是以保险公司市场化经营为依托，政府通过保费补贴等政策扶持，对种植业、养殖业因遭受自然灾害和意外事故造成的经济损失提供的直接物化成本保险，是我国目前推行的，由政府发动组织的，旨在保护和扶持我国农业的一种公益性保险产品。该保险的主要目标是建立健全政策性农业保险工作长效机制，提高农户投保率、政策到位率和理赔兑现率，实现"尽可能减轻农民保费负担""尽可能减少农民因灾损失"的目标要求，推动政策性农业保险又好又快发展。

第二章
气象灾害防治常识

乡村防灾减灾百问百答

5. 洪水有什么严重危害?

洪水是由于暴雨、冰雪融化、水库垮坝等产生的异常高水位的河流。每年均有可能出现的洪水称"一般洪水",几年或几十年才可能出现的洪水称"大洪水",几十年或百年以上才可能出现的罕见洪水称"特大洪水"。洪水流量超过某处河道正常泄洪能力有可能造成洪水灾害。

造成的具体危害主要有以下两个方面。

(1)导致人员、财产损失。洪水灾害可能直接或间接造成人员伤亡或来不及转移的财物可能因此遭受损失。这是洪水对人群最直接的危害。

(2)引起疾病的感染、传播。由于洪水淹没或行洪、蓄洪需要,会出现人员的大量移动。人群的移迁增加了疾病流行的风险。如流感、麻疹和疟疾都可能因此而暴发。红眼睛、皮肤病等因人群密集和接触,增加传播机会。

6. 如何预防洪水?

(1)平时多学习一些防灾、减灾知识,掌握自救逃生的本领,养成关注天气预报的好习惯,随时掌握天气变化。要观察、熟悉周边环境，预先选定紧急情况下躲灾避灾的安全线路和地点，做好家庭防护准备，积极参加灾险投保，尽量减少损失。

（2）密切关注汛期洪水预警，服从统一安排，及时避难。发现险情时，要及时向邻里和村干部报警，并尽快将家中老人和小孩转移到安全地带。

（3）处于洼地的居民要准备沙袋、挡水板等物品，或设置好防水门槛，以防止洪水进屋。

（4）家中常备逃生绳、救生衣等安全逃生物品，汛期到来前检查是否可以随时使用。

（5）准备手电筒、蜡烛、打火机、颜色鲜艳的衣物或旗帜、哨子等，以便遇险后发出求救信号。

（6）发生洪水时，人们通常有充分的警戒时间。与暴雨之后的激流相比，洪水流动速度是比较慢的。面对可能的汛情，首先应在门槛外（如预料洪水会涨得很高，还应在底层窗槛外）垒起一道防水墙，最好的材料是沙袋，也就是用麻袋、塑料编织袋或米袋、面袋装入沙石、碎石、泥土、煤渣等，然后再用旧地毯、旧毛毯、旧棉絮等塞堵门窗的缝隙。

（7）洪水到来之前，要关掉煤气阀和电源总开关，以防因电线浸水导致漏电失火、伤人。时间允许的话，赶紧将家中贵重物品转移到阁楼。如时间紧急，可把贵重物品放在较高处，如桌子、柜子或架子上，以免被水浸湿。

7. 洪水来临时如何逃生?

（1）如果洪水不断上涨，在短时间内不会消退，应就近迅速向山坡、高地、楼房转移，或立即爬上屋顶、楼房高层、大树等高的地方暂避。

（2）如果洪水猛涨，不得不躲到屋顶或爬到树上，要收集一切可用来发求救信号的物品，如手电筒、哨子、旗帜、鲜艳的床单、沾油破布（用以焚烧）等。及时发求救信号，以争取被营救。还可用一些绳子或被单，将身体与烟囱捆绑，以免从屋顶滑下。

（3）如洪水继续上涨，暂避的地方已难自保，则要充分利用准备好的救生器材逃生，或迅速找一些门板、桌椅、大床、大块的泡沫塑料，甚至足球、篮球、排球等具有一定浮力的物品，将它们捆绑在一起，扎成逃生筏。

（4）当在开阔地带驾车遇到洪水时，应紧闭车窗，把车迎着洪水开过去。如在峡谷或山地，要迅速驶向高地。

（5）当发生洪水时，涉水越过溪流是很危险的。假如非过河不可，尽可能找桥，从桥上通过。假如无桥，非涉水不可，不要选择狭窄地方通过。要找宽广的地方，溪面宽的地方通常都是较浅的地方。在瀑布或岩石上不可紧张，在涉水前，先选好一个好的着脚点，用竹竿或木棍先试探一下前面的路，在起步前先扶稳竹竿，并要逆水流方向前进。

8. 洪水来临时如何自救?

受到洪水威胁,一定要沉着冷静,如果时间充裕,应按照预定路线,有组织地向山坡、高地等处转移。

(1) 在野外受到洪水威胁时,一定要保持冷静,根据平时掌握的地质情况迅速判断周边环境,尽快向山上或较高的地方转移;同时要注意观察水情警示牌,防止误入深水区或掉进排水口。

在山区,如果连降大雨,容易暴发山洪。遇到这种情况,应该注意避免渡河,以防止被山洪冲走,还要警惕山体滑坡、滚石、泥石流。

(2) 当住宅遭受洪水淹没或围困时,应迅速安排家人向屋顶转移,并想办法发出呼救信号,条件允许时,可利用竹木等漂浮物转移到安全的地方。

如洪水继续上涨,暂避的地方已难自保,则要充分利用准备好的救生器材逃生,或者迅速找门板、桌椅、木床、大块的泡沫塑料等能漂浮的材料扎成筏逃生。

(3) 如果已被洪水包围,要设法尽快与当地政府防汛部门取得联系,报告自己的方位和险情,积极寻求救援。

如已被卷入洪水中,一定要尽可能抓住固定的或能漂浮的东西,寻找机会逃生。

千万不要游泳逃生,不可攀爬带电的电线杆、铁塔,也不要爬到泥坯房的屋顶。

发现高压线铁塔倾斜或者电线断头下垂时，一定要迅速远避，防止直接触电或因地面"跨步电压"触电。

（4）洪水退却后，要协助防疫人员做好食品、饮用水卫生和防疫工作。不能食用生冷食物、动物尸体，要彻底煮沸饮用水。

9. 暴雨预警信号分几级，如何应对？

根据《广东省气象灾害预警信号发布规定》，暴雨预警信号分三级，分别以黄色、橙色、红色表示。

（1）暴雨黄色预警信号。

图标：

含义：6小时内本地将有暴雨发生，或者已经出现明显降雨，且降雨将持续。

防御指引：

①进入暴雨戒备状态，关注暴雨最新消息。

②中小学校、幼儿园、托儿所应当采取适当措施，保证学生和幼儿安全。

③驾驶人员应当注意道路积水和交通阻塞，确保安全。

④做好低洼、易涝地区的排水防涝工作。

（2）暴雨橙色预警信号。

图标：

含义：在过去的 3 小时，本地降雨量已达 50 毫米以上，且降雨将持续。

防御指引：

①进入暴雨防御状态，密切关注暴雨最新消息。

②学生可以延迟上学，上学、放学途中的学生应当就近到安全场所暂避。

③暂停户外作业和活动，尽可能留在安全场所暂避。

④行驶车辆应当尽量绕开积水路段及下沉式立交桥，避免穿越水浸道路，避免将车辆停放在低洼易涝等危险区域。

⑤相关应急处置部门和抢险单位应当加强值班，密切监视灾情，对积水地区实行交通疏导和排水防涝；转移危险地带和危房中的人员到安全场所暂避。

⑥对低洼地段室外供用电设施采取安全防范措施。

⑦注意防范暴雨可能引发的内涝、山洪、滑坡、泥石流等灾害。

（3）暴雨红色预警信号。

图标：

含义：在过去的 3 小时，本地降雨量已达 100 毫米以上，且降雨将持续。

防御指引：

①进入暴雨紧急防御状态，密切关注暴雨最新消息和政府及有关部门发布的防御暴雨通知。

②中小学校、幼儿园、托儿所应当停课，未启程上学的学生不必到校上课；上学、放学途中的学生应当在安全情况下回家或者就近到安全场所暂避；学校应当保障在校（含校车上、寄宿）学生的安全。

③停止户外作业和活动，人员应当留在安全场所暂避；危险地带和危房中的人员应当撤离。

④地铁、地下商城、地下车库、地下通道等地下设施和场所的经营管理单位应当采取有效措施避免和减少损失，保障人员安全。

⑤对低洼地段室外供用电设施采取安全防范措施。

⑥行驶车辆应当就近到安全区域暂避，避免将车辆停放在低洼易涝等危险区域，如遇严重水浸等危险情况应当立即弃车逃生。

⑦相关应急处置部门和抢险单位应当严密监视灾情，做好暴雨及其引发的内涝、山洪、滑坡、泥石流等灾害应急抢险救灾工作。

10. 雨天出行如何躲避危险？

（1）避开落地广告牌、变压器、电线杆等。夏季雷雨天气较多，在这种天气出行时，要注意观察，尽量避开路灯杆、信号灯杆、空调室外机、落地广告牌等。

不要靠近或在架空线和变压器下避雨，因为大风有可能将架空电线刮断，而雷击和暴雨容易引起裸线或变压器短路、放电，对人身安全构成威胁。

如果发现电线断落在水中，千万不要自行处理，应当立即在周围做好标记，及时报警。一旦电线恰巧断落在离自己很近的地面上，先不要惊慌，更不能撒腿就跑，此时应单腿跳跃离开现场。否则，很可能会在跨越电线时触电。

如果有人触电倒地，千万不可惊慌，要保持冷静，用干木棍将触电者和电源分开。切记不能在没有安全措施的情况下，用手去拉被电击的人。否则，会导致自身触电。

（2）选择牢固、地势高的建筑物避雨。如果暴雨来临前正好在室外，应尽量找一个安全的地方停留，直至暴雨结束。这个安全的地方必须是牢固的建筑物，或者地势较高的建筑物。如果暴雨已下，那么在避雨的同时，尽可能联络家人，告知避雨的具体位置，让家人放心。在选择避雨地点的时候，要远离建筑工地的临时围墙和建在山坡上的围墙。

（3）不要贸然涉水前行，警惕水坑、井盖。由于连续的强降雨，路面容易出现积水，泥沙、垃圾等物体被冲到水中，这个时候行走其中的路人要千万当心。因为看不清楚积水之下有什么东西，所以不要贸然涉水。否则，有跌入窨井或坑洞的风险。

（4）注意防雷，不要在树底下避雨、打电话。暴雨伴随雷电时，行人还要注意防雷。尽量待在安全的建筑物中，保持身体干燥。如果在马路上淋雨的话，千万不要站在树下或电线杆下。另外，雷电天气在室外的话，手机也绝对不能使用。

（5）雨天老人、儿童、孕妇尽量不要独自出门。遇有风雨天气时应尽量减少外出。如必须外出，则应穿雨衣、雨披等防雨工具。（雨伞骨架上的金属可能导电）路上注意安全，与前面的车辆及行人保持较远距离。

如果在户外，要穿橡胶鞋，以免发生触电。在雨中骑行时，不要埋头猛骑，要集中注意力，看清前面的路况。下雨后道路泥泞湿滑，应减慢骑行速度。

11. 雨后如何预防肠道传染病？

下暴雨时，被雨水冲走的厕所粪便、动物尸体、生活垃圾等都可能污染饮用水源，如直接饮用这些被污染的水，容易导致痢疾等肠道传染病。

暴雨天环境湿度大，如果温度也较高，食物容易滋生细菌而变质；另外，暴雨容易使蔬菜、水果等食物受浸泡而被污染。如食用这些变质或被污染的食物，则容易患感染性腹泻等肠道传染病。暴雨过后，要特别注意饮用水和食品安全，防止"病从口入"。

（1）确保饮水安全。饮用水一定要煮沸或消毒，切不可喝生水。一是煮沸消毒。当饮用水源含大量病原微生物时，将水烧开并持续煮 10 分钟，是有效的灭菌方法。二是氯化消毒，即在水中加入氯制剂。农村家庭饮水消毒，可以用漂白粉、漂白粉精片，一般每桶水（约25千克）放半片漂白粉精片即可。

（2）要确保食品安全。食物一定要煮熟煮透，不吃被雨水浸泡过的食品。除了密封完好的罐头类食品以外，被水淹过且已腐烂的蔬菜、水果，病死、淹死及死因不明的畜禽及水产品，以及来源不明、非专用食品容器包装、无明确食品标志的食品都不能食用。

食物要生熟分开保存，避免生的食物及原料与熟的食物接触或使用同一个容器。

食物要煮熟煮透。所有现场加工的食品都要煮熟煮透，尽量不吃生的、半生的凉拌食品。剩饭菜在食用前一定要重新加热。

（3）要养成良好的个人卫生习惯，一定要勤洗手。饭前便后，要用肥皂或洗手液洗净双手。

12. 台风预警信号分几级，如何应对？

根据《广东省气象灾害预警信号发布规定》，台风预警信号分五级，分别以白色、蓝色、黄色、橙色和红色表示。

（1）台风白色预警信号。

图标：

含义：48 小时内将受台风影响。

防御指引：

①进入台风注意状态，警惕台风对当地的影响。

②注意通过气象信息传播渠道了解台风的最新情况。

（2）台风蓝色预警信号。

图标：

含义：24 小时内将受台风影响，平均风力可达 6 级以上，或者阵风 8 级以上；或者已经受台风影响，平均风力为 6~7 级，或者阵风 8~9 级，并将持续。

防御指引：

①进入台风戒备状态，做好防御台风准备。

②注意了解台风最新消息和政府及有关部门防御台风通知。

③加固门窗和板房、铁皮屋、棚架等临时搭建物，妥善安置室外搁置物和悬挂物。

④海水养殖、海上作业人员应当适时撤离，船舶应当及时回港避风或者采取其他避风措施。

（3）台风黄色预警信号。

图标：

含义：24 小时内将受台风影响，平均风力可达 8 级以上，或者阵风 10 级以上；或者已经受台风影响，平均风力为 8~9 级，或者阵风 10~11 级，并将持续。

防御指引：

①进入台风防御状态，密切关注台风最新消息和政府及有关部门发布的防御台风通知。

②中小学校、幼儿园、托儿所应当停课，未启程上学的学生不必到校上课；上学、放学途中的学生应当就近到安全场所暂避或者在安全情况下回家；学校应当妥善安置在校（含校车上、寄宿）学生，在确保安全的情况下安排学生离校回家。

③居民应当关紧门窗，妥善安置室外搁置物和悬挂物，尽量避免外出；处于危险地带和危房中的人员应当及时撤离，确保留在安全场所。

④停止户外集体活动，停止高空等户外作业。

⑤滨海浴场、景区、公园、游乐场应当适时停止营业，关闭相关区域，组织人员避险。

⑥海水养殖、海上作业人员应当撤离，回港避风船舶不得擅自离港，并做好防御措施。

⑦相关应急处置部门和抢险单位加强值班，实时关注灾情，落实应对措施。

（4）台风橙色预警信号。

图标：

含义：12 小时内将受台风影响，平均风力可达 10 级以上，或者阵风 12 级以上；或者已经受台风影响，平均风力为 10～11级，或者阵风 12 级以上，并将持续。

防御指引：

①进入台风紧急防御状态，密切关注台风最新消息和政府及有关部门发布的防御台风通知。

②中小学校、幼儿园、托儿所应当停课，学校应当妥善安置寄宿学生。

③居民避免外出，确保留在安全场所。

④停止室内大型集会，立即疏散人员。

⑤滨海浴场、景区、公园、游乐场应当停止营业，迅速组织人员避险。

⑥加固港口设施，落实船舶防御措施，防止走锚、搁浅和碰撞。

⑦相关应急处置部门和抢险单位密切监视灾情，做好应急抢险救灾工作。

（5）台风红色预警信号。

图标：

含义：12 小时内将受或者已经受台风影响，平均风力可达 12 级以上，或者已达 12 级以上，并将持续。

防御指引：

①进入台风特别紧急防御状态，密切关注台风最新消息和政府及有关部门发布的防御台风通知。

②中小学校、幼儿园、托儿所应当停课，学校应当妥善安置寄宿学生；建议用人单位停工（特殊行业除外），并为滞留人员提供安全的避风场所。

③居民切勿外出，确保留在安全场所。

④当台风中心经过时风力会减小或者静止一段时间，应当保持戒备和防御，以防台风中心经过后强风再袭。

⑤相关应急处置部门和抢险单位严密监视灾情，做好应急抢险救灾工作。

13. 台风来临前家庭应该做怎样的准备？

（1）备好急需用品。台风来临前，应准备好手电筒、蜡烛、火柴（打火机）、收音机（最好是干电池晶体收音机）、食物、饮用水及常用药品等，以备急需。同时，关好非必要门窗，检查门窗是否坚固，加钉木板；取下房内悬挂的东西；检查电路、炉火、煤气等设施是否安全；不可用手触摸断落的电线，应通知电力公司检修。为防止室内积水，可在家门口安放挡水板或堆砌土坎。

（2）妥善安置室外物品。将养在室外的动植物及其他物品移至室内；空调室外机、雨篷、太阳能热水器等室外易被吹动的东西要加固。庭院花木均应加支架保护，并修剪树枝，以防花木折毁或损毁房屋。

（3）转移到安全处。住在低洼地区、危旧及抗风能力差的房屋中的人员要及时转移到安全住所。在发现房屋有倾倒倾向时，应快速从事先观察好的通道疏散。及时清理排水管道，保持排水畅通。

（4）出门在外人员要尽快抵达安全地点。

（5）在海岸附近或海上，海涂养殖人员、临时工棚人员等要及时转移。出海船舶尽快返港避风，人员及时上岸。

14. 台风来临如何避险？

（1）尽量不要外出，在家里应尽量避免使用电话。未收到台风离开的报告前，即使出现短暂的平息仍须保持警戒。如果无法撤离至安全场所，可就近选择在空间较小的室内（如壁橱、厕所等）躲避，或者躲在桌子等坚固物体下。在高层建筑的人员应撤至底层。

（2）台风直接影响期间，切勿随意外出。如在海岸附近或海上，不要在河、湖、海堤或桥上行走。外出时最好不骑车，驾车外出也要保持低速慢行，看清道路。如果在外面，千万不要在临时建筑物、广告牌、铁塔、大树等附近避风避雨。

（3）如果开车，应立即将车开到地下停车场或隐蔽处。

（4）如果已经在结实的房屋里，则应小心关好窗户，在窗玻璃上用胶布贴成"米"字图形，以防窗玻璃破碎。

（5）如果在水面上（如游泳），则应立即上岸避风避雨。

（6）如遇到台风伴随打雷，则要采取防雷措施。

（7）看到落地电线，不要靠近，可以先帮忙竖起一块警示标志，然后再拨打电力热线报修。

（8）海上船舶必须与海岸电台取得联系，确定船只与台风中心的相对位置，立即开船远离台风。船上自测台风中心大致位置与距离：背风而立，台风中心位于船的左边；船上测得气压低于正常值500帕，则台风中心距船一般不超过300千米；若测得风力已达8级，则台风中心距船一般150千米左右。

15. 台风过境后要采取怎样的应急措施?

（1）抢救伤员：保持室内空气流通，保暖；不要给昏迷者喂流食；必要时施行人工呼吸。

（2）保持健康：不要过度劳累；多喝干净的水；注意卫生，用肥皂和净水洗手。

（3）注意安全：清理残骸时戴胶皮手套，穿胶皮靴并使用木棍；当心被冲毁的路面、损坏的建筑、污水、燃气泄漏、碎玻璃、损坏的电线以及湿滑的地面等；小心虫、蛇；不要进入结构严重损坏或发生煤气泄漏的房屋。

（4）如遇特殊情况，应向当地有关部门报告健康及安全问题，包括人员伤亡、化学物品泄漏、电力系统瘫痪、道路毁坏、燃气管道损坏等。

16. 农作物如何防台风？

在台风来临前，要密切关注台风动向，提早做好灾害防护措施，对大田作物采取疏通沟渠、开好田间排水沟的措施以确保排灌畅通，预防台风暴雨带来的过量雨水；对于已经成熟的农作物应提早抢收，加固已有的大棚设施，通过割膜减少大风对大棚设施的影响。台风过后，要尽早采取灾后补救措施，及时清沟排水降低田间湿度，及时中耕培土，做好查苗、洗苗、扶苗工作，及时修复受损设施，重视病虫害的防治。灾害来临后，需尽快与保险公司联系，尽早做好查勘定损工作。

17. 遇到山洪时，应采取哪些应急准备措施？

山洪是由于暴雨、融雪、拦洪设施溃决等原因，沿山区（包括山地、丘陵、岗地）河流及溪沟形成的暴涨暴落的洪水。山洪来势猛、过程短、危害大。

遇到山洪时，应采取以下应急准备措施：

（1）熟悉环境。无论在居住场所还是野外活动场所，都必须提前熟悉周围环境，预先选定好紧急情况下躲灾避灾的地点和路线。

（2）观察前兆。强降雨后若发生如下异常现象，则表示很可能将有山洪暴发：溪水浑浊，夹杂树叶草根；动植物异常，如蚂蚁搬家，蛇出洞；地声回响等。

（3）提前转移。情况危急时，及时向主管部门和周围的人预警，将家中的老人和小孩及贵重物品提前转移到安全地带。

18. 遇到山洪如何自救与互救？

（1）保持冷静，尽快向高处，如山上、树上、地基牢固的房顶转移。注意不能沿着行洪道方向跑。不要边跑边喊，要注意保存体力。

（2）及时与当地政府防汛部门联系，寻求援助。

（3）如被洪水冲走，尽可能抓住树木、树枝等固定物。

（4）在夜间，可利用手电筒、手机、荧光灯等引起营救人员注意；在白天，可以利用手表、镜子等可以反光的物品。

19. 高温预警信号分几级，如何应对？

根据《广东省气象灾害预警信号发布规定》，高温预警信号分三级，分别以黄色、橙色、红色表示。

（1）高温黄色预警信号。

图标：

含义：天气闷热，24 小时内最高气温将升至 35℃ 或者已经达到 35℃ 以上。

防御指引：

①注意防暑降温。

②避免长时间户外露天作业或者在高温条件下作业。

③加强防暑降温保健知识的宣传。

（2）高温橙色预警信号。

图标：

含义：天气炎热，24 小时内最高气温将升至 37℃ 以上或者已经达到 37℃ 以上。

防御指引：

①做好防暑降温，高温时段尽量避免户外活动，暂停户外露天作业。

②注意防范因电线、变压器等电力设备负载过大而引发火灾。

③注意作息时间，保证睡眠，必要时准备一些常用的防暑降温药品。

④有关单位落实防暑降温保障措施，提供防暑降温指导，有条件的地区开放避暑场所。

⑤有关部门应当加强食品卫生安全监督检查。

（3）高温红色预警信号。

图标：

含义：天气酷热，24小时内最高气温将升至39℃以上。

防御指引：

①采取有效措施防暑降温，白天尽量减少户外活动。

②对老、弱、病、幼、孕人群采取保护措施。

③除特殊行业外，停止户外露天作业。

④单位和个人要特别注意防火。

⑤有关单位按照职责采取防暑降温应急措施，有条件的地区开放避暑场所。

20. 高温来临前如何做好防护？

（1）安装降温设备，如电扇、空调等，必要时进行隔热处理。但不要长时间停留在空调房内，也不能长时间直接对着头或身体某一部位吹电扇。

（2）在窗和窗帘之间安装临时反热窗，如铝箔表面的硬纸板。

（3）早晨或下午能进太阳光的窗子用帘遮好。

（4）准备防暑降温的饮料和常用药品，如清凉油、十滴水、人丹等。

（5）在窗户上方加装遮阳篷。

21. 高温天气要注意什么？

（1）在户外工作要带好防护设备。高温天气在户外工作，一定要戴遮阳帽、护臂，这样可以有效地避免阳光的直晒，防止皮肤被晒黑、灼伤等。

（2）尽量不要在一天中气温最高、阳光直射的时候进行户外活动。一天中气温最高、阳光直射的时段为 11～13 时，在这段时间里，最好在室内活动，即使外出也要采取防护措施。

（3）饮食上要有所注意。高温天气，饮食上以清淡、爽口的食物为主，可以多喝一些清凉饮品，如绿豆汤、凉白开水、冷盐水、白菊花水等。此外，辣味、油腻食品、冷饮或含酒精饮料不宜过量，防止上火和身体不适。

（4）防止高温天气中暑。高温天气中，因长期处于炎热、闷热的环境而身体无力、头晕恶心，这些即是中暑的表现。要及时改善环境，如保持通风、向地面洒水、吹风扇和空调等。室内空调温度不要过低。

（5）养成良好的工作和生活习惯。高温天气条件下工作和生活，一定要注意度的把握，不可以过度劳累，尤其是在中午时候要放下工作，及时午休，这样才会拥有健康的身体状态。

（6）外出游泳要注意安全。许多人会在高温天气去游泳，游泳最好选择室内游泳池（室外游泳很容易晒伤皮肤），同时一定要结伴游泳，时间不宜过长，防止劳累引发胸闷、身体无力等症状。

（7）遇到高温天气，应暂停户外或室内大型集会。

（8）浑身大汗时不宜立即用冷水洗澡。应先擦干汗水，稍事休息再用温水洗澡。

（9）注意作息时间，保证睡眠；暂停大量消耗体力的工作。

（10）注意防火。

22. 如何预防中暑?

（1）大量饮水。在高温天气，不论运动量大小，都要增加液体摄入。不要等到觉得口渴时再饮水。但对于某些需要限制液体摄入量的病人，高温时的饮水量应遵医嘱。

（2）注意补充盐分和矿物质。酒精性饮料和高糖分饮料会使人体失去更多水分，在高温时不宜饮用。同时，要避免饮用过凉的冰冻饮料，以免造成胃部痉挛。

（3）少食高油高脂食物，减少人体热量摄入。

（4）穿质地轻薄、宽松和浅色的衣物。

（5）尽量在室内活动。如条件允许，应开启空调。如家中未安装空调，则可以借助商场或图书馆等公共场所避暑。使用电扇虽能暂时缓解热感，然而一旦气温升高到32.2℃（90℉）

以上，电扇则无助于减少中暑等高温相关疾病的发生。洗冷水澡或者打开空调对人体降温更加有效。

（6）外出时，应涂擦防晒值 SPF15 及以上的 UVA/UVB 防晒剂，戴上宽檐帽和墨镜，或使用遮阳伞。

（7）应尽量避开正午前后时段出行，户外活动应尽量选择在阴凉处进行。

（8）高温时应减少户外锻炼。如必须进行户外锻炼，则应每小时饮用 2～4 杯非酒精性冷饮料。运动型饮料可以帮助补充流失的盐分和矿物质。

（9）如高温时驾车出行，离开停车场时切勿将儿童和宠物留在车内。

（10）虽然各种人群均可受到高温中暑影响，但婴幼儿，65 岁以上的老年人，患有精神疾病、心脏病和高血压等慢性病的人群更易发生危险，应格外予以关注。对于这些高危人群，在高温天气应特别注意，及时观察他们是否有中暑征兆。

23. 高温中暑后如何急救？

（1）立即将病人移到通风、阴凉、干燥的地方，如走廊、树荫下。

（2）使病人仰卧，解开衣领，脱去或松开外套。若衣服被汗水湿透，应更换干衣服，同时开电扇或空调（应避免直接吹风），以尽快散热。

（3）用湿毛巾冷敷头部、腋下及腹股沟等处，有条件的话用温水擦拭全身，同时进行皮肤、肌肉按摩，加速血液循环，促进散热。

（4）意识清醒的病人或经过降温清醒的病人可饮服绿豆汤、淡盐水，或服用人丹、十滴水和藿香正气水（胶囊）等解暑。

（5）一旦出现高烧、昏迷抽搐等症状，应让病人侧卧，头向后仰，保持呼吸道通畅，同时立即拨打 120 电话，求助医务人员给予紧急救治。

24. 冰雹预警信号分几级，如何应对？

根据《广东省气象灾害预警信号发布规定》，冰雹预警信号分二级，分别以橙色、红色表示。

（1）冰雹橙色预警信号。

图标：

含义：6 小时内将出现或者已经出现冰雹，并可能造成雹灾。

防御指引：

①户外人员及时到安全的场所暂避。

②妥善安置易受冰雹影响的室外物品、车辆等。

③将家禽、牲畜等赶到带有顶篷的安全场所。

③相关应急处置部门和抢险单位随时准备启动抢险应急方案。

（2）冰雹红色预警信号。

图标：

含义：2 小时内出现冰雹的可能性极大或者已经出现冰雹，并可能造成重雹灾。

防御指引：

①户外人员立即到安全的场所暂避。

②妥善安置易受冰雹影响的室外物品、车辆等。

③将家禽、牲畜等赶到带有顶篷的安全场所。

④相关应急处置部门和抢险单位密切监视灾情，做好应急抢险救灾工作。

25. 如何防范冰雹?

（1）将家禽、牲畜等赶到有顶棚的安全场所。

（2）根据气象部门发布的预警，提前做好防范。

（3）用雨具或者其他代用品保护头部，并尽快转移到安全的地方暂避。

（4）老人、小孩不要外出，尽量留在室内。

（5）不进入防护力不强的棚屋、岗亭或者大树下。

（6）妥善安置易受冰雹影响的室外物品。

26. 如何补救雹灾后的农作物？

雹灾，是一种严重的自然灾害，每年夏季极易发生，对农业生产影响极大，轻者造成作物受伤减产，重者造成作物绝收。针对不同的受损程度和不同作物采取不同的补救措施非常重要，可极大地降低作物受灾损失，帮助作物恢复生长。

（1）对处于拔节期的作物如玉米、水稻等，即使叶片被全部打烂，只要生长点未被破坏，一般不需毁种，只要加强田间管理，便可助其恢复正常生长。采取的主要措施为：

①雹灾过后，地面板结，应及时划锄、松土，疏松土壤，促叶早发，加速植株恢复；

②雹灾后不要人为对植株绑扶，应让植株自行恢复，人为绑扶易造成更大伤害，如有必要，可以剪去枯叶和受损严重的烂叶，以促进新叶生长；

③灾后及时追肥（亩追尿素 7～10 千克），对于叶片受损较轻的要及时在叶面喷施磷酸二氢钾，它对植株恢复生长具有明显的促进作用，能提高植株的抗病虫害能力；

④对雹灾过后出现缺苗断垄的地块，可选择健壮大苗带土移栽，移栽后及时浇水和叶面喷施磷酸二氢钾，以促进成长。

（2）对西红柿、茄子、黄瓜等蔬菜及马铃薯等经济类作物的补救措施：

①对受灾严重，造成绝产、绝收的地块要及时改种适应节令的作物；

②对叶片没有全部打坏，损失程度较轻的可加强中耕管理，促进植株恢复生长和再生侧枝继续生长；

③因雹灾造成的植株伤口易染病菌，要及时在叶面喷施磷酸二氢钾，并配合喷施阿维菌素等农药，做好病虫害防治。

27. 雷电大风预警信号分几级，如何应对？

根据《广东省气象灾害预警信号发布规定》，雷雨大风预警信号分三级，分别以黄色、橙色、红色表示。

（1）雷雨大风黄色预警信号。

图标：

含义：6小时内本地将受雷雨天气影响，平均风力可达6级以上，或者阵风8级以上，并伴有强雷电；或者已经受雷雨天气影响，平均风力达6~7级，或者阵风8~9级，并伴有强雷电，且将持续。

防御指引：

①关注雷雨大风最新消息和有关防御通知，做好防御大风、雷电工作。

②及时停止户外集体活动，停止高空等户外作业。

③居民应当关紧门窗，妥善安置室外搁置物和悬挂物，尽量避免外出，留在有雷电防护装置的安全场所暂避。

④公园、景区、游乐场等户外场所应当做好防护措施，确保人员安全。

⑤采取必要措施，保障易受雷击的设备设施和场所的安全。

⑥机场、轨道交通、高速公路、港口码头等经营管理单位应当采取措施，保障安全。

（2）雷雨大风橙色预警信号。

图标：

含义：2小时内本地将受雷雨天气影响，平均风力可达8级以上，或者阵风10级以上，并伴有强雷电；或者已经受雷雨天气影响，平均风力为8～9级，或者阵风10～11级，并伴有强雷电，且将持续。

防御指引：

①密切关注雷雨大风最新消息和有关防御通知，迅速做好防御大风、雷电工作。

②立即停止户外活动和作业。

③居民应当关紧门窗，妥善安置室外搁置物和悬挂物。

④居民应当避免外出，远离户外广告牌、棚架、铁皮屋、板房等易被大风吹动的搭建物，切勿在树下、电杆下、塔吊下躲避，应当留在有雷电防护装置的安全场所暂避。

⑤公园、景区、游乐场等户外场所应当及时发出警示信息，

适时关闭相关区域，停止营业，组织居民避险。

⑥在建工地应当采取防护措施，加强工棚、脚手架、井架等设施和塔吊、龙门吊、升降机等机械、电器设备的安全防护，保障居民安全。

⑦ 机场、轨道交通、高速公路、港口码头等经营管理单位应当迅速采取措施，确保安全。

⑧ 相关应急处置部门和抢险单位密切监视灾情，做好应急抢险救灾工作。

（3）雷雨大风红色预警信号。

图标：

含义：2 小时内本地将受雷雨天气影响，平均风力可达 10级以上，或者阵风 12 级以上，并伴有强雷电；或者已经受雷雨天气影响，平均风力为 10 级以上，或者阵风 12 级以上，并伴有强雷电，且将持续。

防御指引：

①密切关注雷雨大风最新消息和有关防御通知，迅速做好防御大风、雷电工作。

②立即停止户外活动和作业。

③居民应当关紧门窗，妥善安置室外搁置物和悬挂物。

④居民切勿外出，远离户外广告牌、棚架、铁皮屋、板房等易被大风吹动的搭建物，切勿在树下、电杆下、塔吊下躲避，应当留在有雷电防护装置的安全场所暂避。

⑤公园、景区、游乐场等户外场所应当立即发出警示信息，

立即关闭相关区域，停止营业，组织人员避险。

⑥在建工地应当采取防护措施，加强工棚、脚手架、井架等设施和塔吊、龙门吊、升降机等机械、电器设备的安全防护，保障人员安全。

⑦机场、轨道交通、高速公路、港口码头等经营管理单位应当迅速采取措施，确保安全。

⑧相关应急处置部门和抢险单位密切监视灾情，做好应急抢险救灾工作。

28. 雨天避雷要注意什么？

（1）要注意关好门窗，以防侧击雷和球状雷侵入。

（2）最好把家用电器的电源切断，并拔掉电源插头；不要使用带有外接天线的收音机和电视机；不要接打固定电话；雷雨天气最好关闭手机，以防人身遭遇雷击。

（3）远离带电设备，不要接触天线、煤气管道、铁丝网、金属窗、建筑物外墙等，这些金属管道如果接地不良，雷电有可能顺着管子传递。打雷时，应停留在离电线以及与它们相连接的电气设备1米远的地方。

（4）雷电时不宜使用花洒冲凉。如果建筑物遭雷击，巨大的雷电流有可能沿着水流传导，使淋浴者遭雷击伤亡。

（5）不要赤脚站在泥地和水泥地上；不能停留在建筑物的楼（屋）顶，也不能站在平原的高处或山顶，站在高处极易招惹雷击。

（6）禁止躲在大树底下。如果必须在大树底下停留，应该与树身和枝丫保持两米以上的距离，并且尽可能下蹲、把双脚靠拢。

（7）不宜进入棚屋和岗亭等低矮建筑物。由于这些建筑物没有防雷设施，而且大都处在旷野之中，遭受雷击的可能性特别大。当暴风雨即将来临，而又处在开阔地带、山坡、河边时，可选择一些高大物体或架空电线所保护的区域，但所处的位置应距电线杆或高大物体两米以上。

（8）禁止在旷野处高举雨伞、羽毛球拍、铁锹、锄头等物体，否则，容易遭到雷击。

（9）不宜在水面或水陆交界处作业。水的导电率比较高，较地面其他物体更容易吸引雷电。此外，水陆交界处是土壤电阻与水的电阻交汇处，会形成一个电阻率变化较大的界面，闪电容易趋向这些地方。

（10）尽量不要外出，如非外出不可，不宜开摩托车和骑自行车，相较而言，开汽车比较安全。

29. 如何抢救被雷击伤的伤者？

受雷击而烧伤或严重休克的人，身体是不带电的，抢救时不要有顾虑。应该迅速扑灭伤者身上的火，实施紧急抢救。

若伤者失去知觉，但有呼吸和心跳，则有可能自行恢复。

应该让他舒展平卧，安静休息后再送医院治疗。

若伤者已经停止呼吸和心跳，应迅速果断地交替进行人工呼吸和心脏按压，并及时送往医院抢救。

30. 寒冷预警信号分几级，如何应对？

根据《广东省气象灾害预警信号发布规定》，寒冷预警信号分三级，分别以黄色、橙色、红色表示。

（1）寒冷黄色预警信号。

图标：

含义：预计因冷空气侵袭，当地气温在 24 小时内急剧下降10℃以上，或者日平均气温维持在 12℃以下。

防御指引：

①关注寒冷天气最新消息和政府及有关部门发布的防御寒冷通知。

②注意做好防寒和防风工作，居民适时添衣保暖。

（2）寒冷橙色预警信号。

图标：

含义：预计因冷空气侵袭，当地最低气温将降到 5℃以下，或者日平均气温维持在10℃以下。

防御指引：

①密切关注寒冷天气最新消息和政府及有关部门发布的防御寒冷通知。

②居民尤其是老、弱、病、幼、孕人群做好防寒保暖工作。

③采取防寒救助措施，适时开放避寒场所。

④做好牲畜、家禽的防寒防风工作，对热带、亚热带水果及有关水产和农作物等采取防寒措施。

⑤高寒地区应当采取防霜冻、冰冻措施。

（3）寒冷红色预警信号。

图标：

含义：预计因冷空气侵袭，当地最低气温将降到0℃以下，或者日平均气温维持在5℃以下。

防御指引：

①密切关注寒冷天气最新消息和政府及有关部门发布的防御寒冷通知。

②居民尤其是老、弱、病、幼、孕人群加强防寒保暖工作。

③采取防寒救助措施，开放避寒场所。

④农业、林业、水产业、畜牧业、交通运输、供电等单位应当采取防寒防冻措施。

⑤相关应急处置部门和抢险单位应当做好灾害应急抢险救灾工作。

31. 大雾预警信号分几级，如何应对？

根据《广东省气象灾害预警信号发布规定》，大雾预警信号分三级，分别以黄色、橙色、红色表示。

（1）大雾黄色预警信号。

图标：

含义：12小时内将出现能见度小于500米的雾，或者已经出现能见度小于500米、大于等于200米的雾且将持续。

防御指引：

①驾驶人员注意安全，小心驾驶。

②机场、轨道交通、高速公路、港口码头等经营管理单位加强管理，保障安全。

③户外活动注意安全。

（2）大雾橙色预警信号。

图标：

含义：6小时内将出现能见度小于200米的雾，或者已经出现能见度小于200米、大于等于50米的雾且将持续。

防御指引：

①驾驶人员应当控制车、船行驶速度，确保安全。

②机场、轨道交通、高速公路、港口码头等经营管理单位采取有效措施，加强调度指挥，保障安全。

③减少户外活动。

（3）大雾红色预警信号。

图标：

含义：2 小时内将出现能见度低于 50 米的雾，或者已经出现能见度低于 50 米的雾且将持续。

防御指引：

①有关单位按照行业规定适时采取交通安全管制措施，如机场暂停飞机起降、高速公路暂时封闭、轮渡暂时停航等。

②各类机动交通工具采取有效措施保障安全。

③驾驶人员采取合理行驶方式，并尽快寻找安全停放区域停靠。

④避免户外活动。

32. 灰霾预警信号分几级，如何应对？

根据《广东省气象灾害预警信号发布规定》，灰霾预警信号，以黄色表示。

图标：

含义：12 小时内将出现灰霾天气，或者已经出现灰霾天气且将持续。

防御指引：

①驾驶人员注意安全，小心驾驶。

②机场、高速公路、港口码头等经营管理单位采取措施，保障安全。

③居民须适当防护，减少户外活动，建议中小学校、幼儿园、托儿所适时停止户外活动。

33. 地震发生时如何应急避险逃生?

（1）在平房，应迅速头顶保护物向室外跑，来不及跑的可躲在桌下、床下及坚固家具旁。

（2）在楼房，应暂避到洗手间等跨度小的空间、承重墙根、墙角等易形成三角空间处，不要使用电梯，更不能跳楼。

（3）在学校、商店、影剧院等公共场所，应迅速抱头、闭眼，在课桌、椅子或坚固物下躲避，待地震过后有序撤离，切勿乱跑。

（4）在街上，应抱头迅速跑到空旷地蹲下，避开高楼、立交桥，远离高压线。

（5）在郊外，尽量避开山脚、陡崖，防止滚石、滑坡、山崩等。

（6）驾车行驶时，应迅速避开立交桥、陡崖、电线杆等，尽快选择空旷处停车。

（7）如果被废墟埋压，要尽量保持冷静，设法自救。

①尽量用湿毛巾、衣物或其他布料捂住口、鼻，防止灰尘呛闷而导致窒息；

②尽量活动手脚，清除脸上的灰土和压在身上的物件；

③用周围可以挪动的物品支撑身体上方的重物，避免进一步塌落；

④扩大活动空间，保持足够的空气；

⑤无法脱险时，要保存体力，耐心等待救援，不要盲目大声呼救。当听到附近有人活动时，要用砖或硬物敲打墙壁、铁管等，向外界传递信号。

（8）避险时注意近水不近火，靠外墙，不靠内墙；已经脱险的人员，震后不要急于回屋，以防余震。

地震避险口诀：

> 保持镇静勿慌张，切断用电煤气源。
>
> 身在高楼勿近窗，坚固家具好避处。
>
> 检查住所保性命，危楼勿近先离开。
>
> 公共场所要注意，争先恐后最危险。
>
> 震后电梯勿搭乘，楼梯上下要小心。
>
> 听从老师避桌下，顺序离室到空地。
>
> 室外行走避乘车，慎防坠物和电线。
>
> 行车勿慌减车速，注意四方靠边停。
>
> 收听广播防余震，自救互救勿围观。
>
> 避震演练要认真，时时防震最安全。

34. 地震时如何自救互救？

（1）保持镇静。在地震中，不少受灾者并不是因房屋倒塌而被砸伤或致死，而是由于精神崩溃，失去生存的希望，乱喊乱叫，在极度恐惧中"扼杀"了自己。乱喊乱叫会加速新陈代谢，增加氧的消耗，使体力下降，耐受力降低；同时，大喊大叫，必定会吸入大量烟尘，易造成窒息。正确做法是在任何恶劣的环境，都要保持镇静，分析所处环境，寻找出路，等待救援。

（2）止血、固定伤处。砸伤和挤压伤是地震中常见的伤害。开放性创伤，如外出血，应首先抬高患肢止血，同时呼救。开放性骨折，不应作现场复位，以防止组织再度受伤，一般用清洁纱布覆盖创面，作简单固定后再进行运转；不同部位骨折，按不同要求进行固定，并参照不同伤势、伤情分类、分级，送医院做进一步处理。

（3）处理挤压伤时，应设法尽快解除重压，遇到大面积创伤者，要保持创面清洁，用干净纱布包扎创面，怀疑有破伤风和产气杆菌感染时，应立即与医院联系，及时诊断和治疗。对大面积创伤和严重创伤者，可口服糖盐水，预防休克发生。

（4）防止火灾。地震常引起许多"次灾害"，火灾是常见的一种。应尽快脱离火灾现场，脱下燃烧的衣帽，或用湿衣服覆盖身上，或卧地打滚，也可用水直接灭火。切忌用双手扑打火苗，否则会引起双手烧伤。用消毒纱布或清洁布料包扎后送医院做进一步处理。

35. 泥石流是怎样形成的？

泥石流形成一般必须具备三个条件：较陡峻的便于集水、集物的地形地貌；丰富的松散物质；短时间内有大量水源。

（1）地形地貌条件：地形上，山高沟深，地势陡峻，沟床纵坡降大，流域形状便于水流汇集。上游形成区的地形多为三面环山、一面出口的瓢状或漏斗状，地形比较开阔，周围山高坡陡、山体破碎，植被生长不良，有利于水和碎屑物质的集中；中游流通区，地形多为狭窄陡深的峡谷，谷床纵坡降大，使泥石流能够迅猛直泻；下游堆积区地形为开阔平坦的山前平原或河谷阶地，使碎屑物有堆积场所。

（2）松散物质来源：地表岩层破碎，滑坡、崩塌等不良地质现象，为泥石流提供了丰富的固体物质来源；另外，岩层结构疏松软弱，易于风化，或软硬相间成层地区，因易受破坏，也能为泥石流提供丰富的碎屑物质来源；人类活动，如滥伐森林造成水土流失，采矿、采石形成的尾矿、弃渣等，也为泥石流提供了大量的物质来源。

（3）水源条件：水既是泥石流的重要组成部分，又是泥石流的重要激发条件和搬运介质。水源有暴雨、冰雪融水和溃决水体等。中国的泥石流水源主要来自暴雨和长时间的连续降雨、高山融雪及冰湖溃决等。

36. 如何通过简易方法观测泥石流？

（1）通过正常洪水水位线来观测泥石流。应该在泥石流调查和危险区划的基础上，通过了解当地天气预报信息和实际观察沟谷中暴雨形成的水流情况判断洪水水位。可以通过草木生长或蚁穴分布情况确定正常的洪水水位线。当山洪水位线接近正常洪水水位线，而且暴雨还在继续时，必须派人现场值班观测，并采取必要的避让措施。如果洪水中夹带的土石增加或出现间歇性断流，要注意有可能发生的泥石流。

对于经常暴发泥石流的沟谷，可以通过泥石流泥位线来判断。当山洪泥石流水位线接近平常的泥位线，而且暴雨还在继续时，必须采取人员避让措施。

（2）暴雨期间要对上游泥石流物源区进行巡查和看守。对村庄、居民点、厂矿上游的滑坡崩塌堆积物、尾矿矿渣排放场、工程弃土，甚至土层比较厚而且植被良好的陡坡进行巡查和看守，发现有较多物质被洪水携带时，要及时采取避灾措施。

37. 山区如何正确防范泥石流的发生？

（1）重视培养灾害的防范意识。居住在山区的居民在思想上应重视泥石流的危害，了解泥石流通常发生的季节、区域及防治措施。在泥石流容易发生的凹形坡、阴面斜坡和山脚等区域，要禁止盖房，放弃农耕，植树造林，避免水土流失。在支沟下游垫地，要构筑坚固、安全的坝阶，以拦截泥石流下冲，并留出足够的行洪通道。要加强山区暴雨的监测预报，注意收听警报，若每小时的降雨量达到 50 毫米时，要动员群众撤离险区。一旦发现山体滑坡、泥石流等地质灾害征兆时，不要迟疑，尽早撤离危险区，并及时报告有关部门，使周围居民能及时撤离。

（2）缩短山区逗留时间。下雨天在沟谷中耕作、放牧时，不要长时间停留在沟谷底部。人员沿山谷徒步行走时，一旦遭遇大雨，要迅速转移到安全的高地，不要在山谷过多停留。同时注意观察四周环境，特别留意是否听到远处山谷传来打雷般声响，如听到，要提高警惕，这很可能是泥石流将至的征兆。发生泥石流后，要马上向与泥石流运动方向成垂直方向的两边的山坡上面爬，爬得越高越好，跑得越快越好，绝对不能顺泥石流下游方向逃生。

山区降雨普遍具有局地性特点，沟谷下游是晴天，沟谷的上游却在下暴雨是常有的状况。因此，即使在雨季的晴天，同样也要提防泥石流灾害。另外，大家尽量养成每天收听天气预报的习惯，这样也利于自己做好关于滑坡、泥石流等气象地质灾害的防范安排。

（3）房屋不要建在沟口和沟道上。受自然条件限制，很多村庄建在山麓扇形地上。山麓扇形地是历史上泥石流活动的见证，长远来看，绝大多数沟谷都有发生泥石流的可能。因此，在村庄选址和规划建设过程中，房屋不能占据泄水沟道，也不宜离沟岸过近；已经占据沟道的房屋应迁移到安全地带。在沟道两侧修筑防护堤和营造防护林，可以避免或减轻因泥石流溢出沟槽而对两岸居民造成的伤害。

（4）不能把冲沟当作垃圾排放场。山区的河边、山边住户应注意排水通畅。在冲沟中随意弃土、弃渣、堆放垃圾，将给泥石流的发生提供固体物源，促进泥石流的活动；当弃土、弃渣量很大时，可能在沟谷中形成堆积坝，堆积坝溃决时必然发生泥石流。因此，在雨季到来之前，最好能主动清除沟道中的障碍物，保证沟道有良好的泄洪能力。

（5）保护和改善山区生态环境。泥石流的产生和活动程度与生态环境质量有密切关系。一般来说，生态环境好的区域，泥石流发生的频度低、影响范围小；生态环境差的区域，泥石流发生频度高、危害范围大。提高小流域植被覆盖率，在村庄附近种植一定规模的防护林，不仅可以抑制泥石流形成，降低泥石流发生频率，而且即使发生泥石流，它也是一道保护生命财产安全的屏障。

38. 泥石流发生前有哪些迹象？

泥石流来临前，一般会出现巨大的响声、沟槽断流和沟水变浑等现象。泥石流发生时，泥石流携带巨石会产生沉闷的撞击声，明显不同于机车、风雨、雷电、爆破等声音。沟槽内断流和沟水变浑，可能是上游有滑坡活动进入沟床，这是泥石流即将发生的前兆，或泥石流已发生并堵断沟槽。在这些现象发生时，一定要根据预先制定的防灾预案，及时撤离到安全地带。

39. 遇到泥石流时如何应急逃生？

（1）在山谷中遇到泥石流的时候，不要发慌，不要顺着泥石流的方向逃生。要果断地判断出安全逃生路径，向与泥石流的方向成垂直方向的两边的山坡上面爬，爬得越高越好，跑得越快越好，绝对不能往泥石流的下游走。

（2）如果在山谷徒步时遭遇大雨，要迅速转移到安全的高地，不要在谷底过多停留。注意观察周围环境，特别留意是否听到远处山谷传来打雷般声响，如听到则需要高度警惕，这很可能是泥石流将至的征兆。

要选择平整的高地作为营地，尽可能避开有滚石和大量堆积物的山坡，不要在山谷和河沟底部扎营。遇到泥石流的时候要立即丢弃身上沉重的旅行装备及行李等，选择安全逃生路径，但是不能丢弃通信工具，以便与外界联系。

（3）不要往地势空旷、树木稀疏的地方逃生，可以就近选择树木生长密集的地带逃生，密集的树木可以阻挡泥石流的前进。

（4）千万不要选择在陡峻的山坡下面或者是爬树上面躲避，可以选择到平整安全的高地，以免泥石流压塌冲倒山坡和树木，从而受到伤害。

（5）不要往土层较厚的地带逃生，要往地质坚硬，不易被雨水冲毁、没有碎石的岩石地带逃生。

（6）乘汽车或火车遇到泥石流时，应果断弃车而逃，躲在车上容易被掩埋在车厢里窒息而死。

（7）许多人"爱财不要命"，因收拾细软被泥石流吞噬的事例数不胜数。有可能的话，逃出时多带些衣物和食品，千万不可贪恋财物。由于滑坡区交通不便，救援困难，泥石流过后大多是阴冷的天气，衣物、食品可有效防止饥饿和冻伤。

（8）别以为刚发生过泥石流的地区比较安全，有时泥石流会间歇发生，如果驾车穿越刚发生泥石流的地区，一定要当心路上的杂物，最好绕道找一条安全的路线。

40. 滑坡发生前有哪些征兆?

（1）滑坡前缘土体突然强烈上隆鼓胀。这是滑坡向前推挤的明显迹象，表明即将发生较为深层的整体滑动，滑坡规模也较大，具有整体滑动的特征。通常伴随前缘建筑物的强烈挤压变形甚至错断。

（2）滑坡前缘突然出现局部滑坍。这种情况可能会使滑坡失去支撑而导致整体滑动，但是，也可能是局部的失稳。发现这种情况时应该及时报告主管部门，由专业人员及时查看滑坡前后缘和两侧的变形情况，进行综合判断。

（3）滑坡前缘泉水流量突然异常。滑坡前缘坡脚有堵塞多年的泉水突然涌出，或者泉水（水井）突然干枯、井水位突然变化等异常现象，说明滑坡体变形滑动强烈，可能发生整体滑动。

（4）滑坡地表池塘和水田突然下降或干涸。滑坡表层修建的池塘或水田突然干枯、井水位突然变化等异常现象，说明滑坡体上出现了深度较大的拉张裂缝，并且水体渗入滑坡体后，加剧了变形滑动，可能发生整体滑动。

（5）滑坡前缘突然出现规律排列的裂缝。滑坡前部甚至中部出现横向及纵向放射状裂缝时，表明滑坡体向前推挤受到阻碍，已经进入临滑状态。

（6）滑坡后缘突然出现明显的弧形裂缝。地面裂缝的出现，说明山坡已经处于不稳定状态。弧形张开裂缝和水平扭动裂缝圈闭的范围，就是可能发生滑坡的范围。滑坡后缘的裂缝急速扩展，裂缝中冒出热气（或冷风）。

（7）简易观测数据突然变化。滑坡体裂缝或变形观测数据突然增大或减小，说明出现了加速变化的趋势，这是明显的临滑迹象。

（8）危岩体下部突然出现压裂。在崖下突然出现岩石压裂、挤出、脱落或射出，通常伴随有岩石开裂或被剪切挤压的声响，这种迹象表明可能发生崩塌。

（9）动物出现异常现象。猪、牛、鸡、狗等惊恐不宁，不入睡，老鼠乱窜不进洞，可能是滑坡、崩塌即将来临。

（10）泥石流沟谷下游洪水突然断流。要注意行洪区次级滑坡堵沟引发溃决型泥石流的危险。上游行洪区次级滑坡在洪水冲刷淘蚀下发生滑动并堵沟断流，这是溃决型泥石流即将发生的前兆。

41. 如何识别不稳定的滑坡体？

（1）滑坡体表面总体坡度较陡，而且延伸较长，坡面高低不平。

（2）有滑坡平台，面积不大，且不向下缓倾、未夷平。

（3）滑坡表面有泉水、湿地，且有新生冲沟。

（4）滑坡体表面有不均匀沉陷的局部平台，参差不齐。

（5）滑坡前缘土石松散，小型坍塌时有发生，并面临河水冲刷的危险。

（6）滑坡体上无巨大直立树木。

通常可以从下表初步判定滑坡的危险性。

滑坡危险性野外判别依据

滑坡要素	危险性高	一般	危险性低
滑坡前缘	滑坡前缘临空，坡度较陡且常处于地表径流的冲刷之下，并有季节性泉水出露，岩土潮湿、饱水	前缘临空，有间断季节性地表径流流经，岩土体较湿，斜坡坡度在 30°～45°	前缘斜坡较缓，无地表径流流经和继续变形的迹象，岩土体干燥
滑体	滑体平均坡度大于40°，坡面上有多条新发展的滑坡裂缝，其上建筑物、植被有新的变形迹象	滑体平均坡度在25°～40°，坡面上局部有小的裂缝，其上建筑物、植被无新的变形迹象	滑体平均坡度小于25°，坡面上无裂缝发展，其上建筑物、植被未有新的变形迹象
滑坡后缘	后缘壁上可见擦痕或有明显位移迹象，后缘有裂缝发育	后缘有断续的小裂缝发育，后缘壁上有不明显变形迹象	后缘壁上无擦痕和明显位移迹象，原有的裂缝已被充填

42. 如何预防滑坡发生?

滑坡的防治要贯彻"及早发现,预防为主;查明情况,综合治理;力求根治,不留后患"的原则。结合边坡失稳的因素和滑坡形成的内外部条件,治理滑坡可以从以下两个大的方面着手。

(1)消除和减轻地表水和地下水的危害。

滑坡的发生常和水的作用有密切的关系。水的作用,往往是引起滑坡的主要因素,因此,消除和减轻水对边坡的危害尤其重要。要降低孔隙水压力和动水压力,防止岩土体的软化及溶蚀分解,消除或减小水的冲刷和浪击作用。

具体做法:可在滑坡边界修截水沟,防止外围地表水进入滑坡区;在滑坡区内,可在坡面修筑排水沟。在覆盖层上可用浆砌片石或人造植被铺盖,防止地表水下渗。对于岩质边坡还可用喷混凝土护面或挂钢筋网喷混凝土。

(2)改善边坡岩石体的力学强度。

一是改变斜坡力学平衡条件,如降低斜面坡度,坡顶减重回填于坡脚,必要时在坡脚或其他适当部位设置挡土墙、抗滑桩或锚固等。二是改变斜坡岩土性质,如灌浆、电渗排水、电化学加固、增加斜坡植被等。

43. 山体滑坡时如何逃生？

（1）遭遇山体滑坡时，首先要沉着冷静，不要慌乱。然后采取必要措施，迅速撤离到安全地点。避灾场地应为易滑坡两侧边界外围。

（2）遇到山体崩滑时要朝垂直于滚石前进的方向跑。在确保安全的情况下，离原居住处越近越好，交通、水、电越方便越好。切记不要朝着滑坡方向逃离。

（3）千万不要将滑坡的上坡或下坡选为避灾场地。也不要未经全面考察，从一个危险区跑到另一个危险区。要听从统一安排，不要自择路线。

（4）当无法继续逃离时，应迅速抱住身边的树木等固定物体。可躲避在结实的障碍物下，或蹲在地坎、地沟里。应注意保护好头部，可利用身边的衣物裹住头部。

（5）立刻将灾害发生的情况报告相关政府部门或单位。及时报告对减轻灾害损失非常重要。

（6）滑坡停止后，不应立刻回家。因为滑坡会连续发生，贸然回家或会遭到第二次滑坡的侵害。只有当滑坡已经过去，并且自家的房屋远离滑坡，确认完好安全后，方可进入。

（7）及时清理、疏浚，保持河道、沟渠通畅。做好滑坡地区的排水工作，可根据具体情况砍伐随时可能倾倒的危树和高大树木。公路的陡坡应削坡，以防公路沿线崩塌滑坡。

44. 山体崩滑的逃生要领是什么?

（1）遇到山体崩滑时，可躲避在结实的遮蔽物下，或蹲在地坎、地沟里。

（2）应注意保护好头部，可利用身边的衣物裹住头部。

（3）切忌顺着滚石方向往山下跑。

45. 滑坡、崩塌后如何应急抢险处置?

（1）开挖排水和截水沟，将地表水引出危险区。当滑坡、崩塌体尚未稳定，或者后山斜坡仍存在滑动、崩落危险时，可以根据现场情况，迅速开挖排水或截水沟渠，将流入危险区的地表雨水堵截在外或将滑坡、崩塌区内的地表水体引出区外。

在未稳定的滑坡、崩塌堆积体上修砌排水沟渠时，要注意基础的稳定情况，还需采取夯实、铺填塑料布等防渗措施。否则，有可能将地表水引入滑坡体中，加剧滑坡的变形滑动。

（2）及时封堵裂隙，防止地表水直接渗入。滑坡后缘出现裂缝时，应及时回填或封堵，防止雨水沿裂隙渗入滑坡中。可以利用塑料布直接铺盖，或者利用泥土回填封闭，也可利用混凝土预制盖板遮盖。

（3）利用重物反压坡脚，减缓滑坡滑动。当山坡前缘出现地面鼓起和推挤时，表明滑坡即将滑动。这时应该尽快在前缘堆积砂石压脚，抑制滑坡的继续发展，为财产转移和滑坡的综合治理赢得时间。

（4）在后缘实施简易的减载工程。当滑坡仍在变形滑动时，可以在滑坡后缘拆除危房，清除部分土石，以减轻滑坡的下滑力，提高整体稳定性。清除的土石可堆放于滑坡前缘，达到压脚的效果。

46. 发生地质灾害后如何避灾？

（1）不要立即进入灾害区搜寻财物，以免再次发生滑坡、崩塌。当滑坡、崩塌发生后，后山斜坡并不会立即稳定下来，仍可能不时发生崩石、滑坍，甚至还可能会继续发生较大规模的滑坡、崩塌。因此，不要立即进入灾害区去挖掘和搜寻财物。

（2）立即派人将灾情报告政府。偏远山区地质灾害发生后，道路、通信毁坏，无法与外界沟通。应该尽快派人将灾情向政府报告，以便尽快开展救援。

（3）迅速组织村民查看是否还有滑坡、崩塌发生的危险。灾害发生后，在专业队伍到达之前，应该迅速组织力量巡查滑坡、崩塌斜坡区和周围是否还存在较大的危岩体和滑坡隐患，并迅速划定危险区，禁止人员进入。

（4）收听广播，收看电视，关注是否还有暴雨。如果将有暴雨发生，应该尽快对临时居住的地区进行巡查，建立防灾应急预案，指定专门的人员时刻监视斜坡和沟谷情况，避免新的灾害发生。

（5）有组织地搜寻附近受伤和被困的人员。撤离灾害地段后，要迅速清点人员，了解伤亡情况。失踪人员要尽快组织查找搜寻。

47. 地质灾害的自救要具备什么基本技能？

（1）能识灾。积极主动参加各级政府部门组织的地质灾害防灾知识宣传培训，多渠道学习掌握常见地质灾害基础知识，平常要勤观察周边的地质环境。

（2）能防灾。关注身边地质环境的异常变化，收听收看暴雨天气预报。平常要积极参加防灾知识学习和地质灾害应急演练，熟悉防灾预警信号、避险撤离路线和安全避险场所地点，学会正确逃生与自救。

（3）能避灾。雨季、夜间要提高警惕，保持警觉，身边常备手电筒、雨衣等逃生用品；察觉险情时，要第一时间快速跑离危险区；要听从政府指挥，撤离后不要擅自进入危险区，避免再次发生灾害造成人员伤亡。

48. 如何保护地质 灾害监测设施?

为了保护广大人民生命财产安全，地质灾害多发区通常布设有专业监测点，利用先进的仪器来精密地监测地质灾害。因此，保护好这些监测设施，不仅可以为地质灾害的预警提供连续不断的监测数据，也可以及时发现险情和及早进行处置，以确保当地群众生命安全。

（1）依法保护监测设施。国家已颁布法律，破坏或盗窃监测设施是违法犯罪行为。保护监测设施是公民的光荣义务。

（2）教育儿童不要敲打、移动监测设施。监测设施具有很高的科学技术含量，往往会引起儿童的强烈好奇心。个别儿童甚至会用石头、榔头、小刀等硬器敲打设施，导致监测设施变形，以至不能正常工作。因此，要经常教育儿童保护好这些设施。

（3）不要让牲畜碰撞监测设施。监测设施精密程度高，不得把它视作树干一样用来拴系牲畜。在放养牲畜时，要注意避让监测设施，避免牲畜碰撞或磨蹭。

49. 新农村建设中怎么做好地质环境保护?

（1）禁止乱挖乱填。对新农村而言，保留一定的地形起伏，不仅可以有效地保护地质生态环境，保留泥石流等的行洪通道，还可以使建筑物错落有致，在一定程度上提高新农村品位。过度追求场地的绝对平整，不仅会增加建设费用，而且因之形成的挖、填方边坡还可能成为滑坡隐患。填方厚度较大时，还可能导致地面和建筑物基础沉降问题。南方不少农村经常在植被茂密但岩层风化强烈的斜坡地段开挖，形成圈椅状边坡围成的场地，而又不采取必要的支护，暴雨时，这种建筑物极易遭受滑坡灾害。

（2）防止人为改变河道路径。天然河道是在一定历史时期内，经由内外地质动力综合作用的结果，或弯或直因循的是自然规律。未经专业人员科学合理地论证，都不宜大兴工程，人为改变河道的自然状态。山水相依才是适合人居的自然环境，自然山水功能不能用人造山水功能替代，优美的自然环境可遇不可"造"。由于山区可供建设用地资源非常宝贵，因此常常出现在山洪泥石流的行洪区或堆积区，人为地缩小河道宽度，或改变流通方向的现象，致使山洪地质灾害加剧。

（3）防止随意兴建池塘。在村镇建设中，为了生活、生产用水的需要，常常新建池塘。但由于未经过合理的选址和设计，这些池塘往往建设在滑坡体或不稳定的斜坡上。当滑坡体或不稳定斜坡发生变形拉裂时，池塘的水体极易渗入，加剧滑坡的形成，带来严重的地质灾害。因此，应该合理地选择池塘的位置，也要控制池塘的规模。

（4）防范基础设施建设诱发地灾。在许多新农村的规划建设中，人们对房屋建筑设施较重视，但对生活废水和雨水的排放设施不够重视。生活废水和雨水常年不断地入渗水源，致使坡体稳定性大大降低，地面裂缝增加增大；乡村的排水设施，特别是位于后山的拦山堰等，如果地基处理较差，很快会被拉裂破坏，暴雨时不仅发挥不了排水的作用，反而起到汇集地表水渗入坡内的恶果；场平或道路切坡后，如果未能对边坡合理加固，可能会引发较大范围的滑动。

（5）不要随意选择绿化植物。在台风等灾害多发区，房屋后面的斜坡最好不要种植茂密的竹林或高大乔木，因为"树大招风"，树木迎风摆动时会加剧土体的松动和水体的入渗，导致山坡稳定性下降，甚至诱发滑坡灾害。

50. 滑坡体作为建设用地有哪些安全注意事项？

（1）不可在滑坡前缘随意开挖坡脚。在滑坡体上进行修房、筑路、场地整平、挖砂采石和取土等活动时，不能随意开挖滑坡体坡脚。如果必须开挖且挖方规模较大时，应事先由相关专业部门制定开挖施工方案，并经过专业技术论证和主管部门批准，方能开挖。坡脚开挖后，应根据施工方案和开挖后的实际情况对边坡及时支挡。

（2）不得随意在滑坡后缘堆弃土石。岩土工程活动中形成的废石、废土，不能随意顺坡堆放，特别是不能堆砌在建筑物上方的斜坡地段。当废弃土石量较大时，必须设置专门的弃土场。最好的办法是变废弃土石为可用资源，将之用于整地、造田、修路等需要填土的工程中。

（3）管理好引排水沟渠和蓄水池塘。在滑坡上部布置的引水系统最好采用管道输水，避免渠水入渗引发山坡失稳；管道发生漏水，也比较容易监控。保证生产、生活废水排放系统的安全、有效，避免堵塞沟渠、污水渗漏和冲蚀或渗入滑坡体。

山坡低凹处降雨形成的积水应及时排干，否则，当坡体变形时极易引发池塘拉裂，导致地表水入渗滑坡体内，加剧变形破坏。

（4）注意控制滑体上的建筑密度。古老滑坡体在自然状态下具有一定的地质环境容量，随意地扩大建筑规模，可能会超过古滑坡有限的载重量，导致稳定性的降低，引发局部甚至整体的滑动，造成严重的损失。在滑坡体上规划新村镇时，必须按照国家规定的建设用地（工程）地质灾害危险性评估程序和工程建设勘察设计程序，请专业队伍进行专门的地质工作，并报请政府部门审批。

51. 泥石流堆积区作为建设用地要考虑哪些安全事项?

（1）注意实地调查泥石流发生史。泥石流堆积区地势平坦，地质结构松散，水源丰富，因而植被茂密；泥石流发生一段时间后，往往迹象模糊，后人不察，又盲目地在该区修建房屋。因此，在进行集镇建设时，应该请专业技术人员进行实地调查，了解泥石流的复发和成灾风险。

（2）注意改善生态环境。泥石流的产生和活动程度与生态环境质量关系密切。生态环境好的区域，泥石流发生的频度低、影响范围小；生态环境差的区域，泥石流发生的频度高、危害范围大。在沟谷中上游提高植被覆盖率，可以明显抑制泥石流的形成；在沟谷下游或乡镇附近营造一定规模的防护林，可以为免受泥石流危害提供安全屏障。

（3）避免在冲沟内排放垃圾。在冲沟中堆放垃圾将增加泥石流固体物源、加剧泥石流危害。乡镇人口密度大，产生的生活、生产垃圾多，把垃圾随意堆积在沟谷中不仅影响新农村环境景观，污染新农村的水环境，更严重的是增加了产生泥石流的风险。制定科学的垃圾处置方案并在建设过程中同步实施，是衡量新农村规划建设水平的重要指标。

（4）控制房屋建设规模，禁止挤占行洪通道。泥石流堆积区往往地势平坦，常被用作房屋建设用地。应当控制建设规模，严格禁止在行洪通道中或边缘修建房屋。但堆积区被用作建设场地时，应沿两侧地势较低处修建新的行洪通道，避免泥石流直接冲入。

泥石流的搬运规律非常复杂，西南山区常常可见被冲出的达数十米长，体积达数百立方米的巨石，其冲击力非常巨大。因此，当沟谷中物源丰富，巨石嶙峋，坡降较大时，最好不要将堆积区作为房屋建设用地。

52. 农村新建房屋选址要考虑哪些因素？

（1）地形因素。新建房屋选址首先应选择有一定高度的平缓地带。尽可能避开江、河、湖（水库）、沟切割的陡坡。但在山区，地势高低起伏，有时新址不得不靠山，或沿江，此时应仔细察看周围的地形。

（2）地质因素。在工程地质中，我们一般可以将岩土类型分为基岩、松散堆积体、土体等几大类。基岩大多形成于数千万年以前，稳定性通常较好。松散堆积体成因复杂，如果是由滑坡、崩塌、泥石流等形成的堆积体，稳定性差，下大暴雨时可能形成新的崩塌或泥石流。土体可分为黄土、红黏土、残坡积土等多种类型，分布在平缓地带的土体（也就是我们常说的老本泥）稳定性较好，通常不会发生滑坡等突发性地质灾害，但是，分布在斜坡（坡度陡峭）地带的土体稳定性往往较差，在暴雨期间，易产生严重的滑坡。斜坡常发育有岩层，以及各种断层、节理裂隙等不连续面，它们将岩体切割成大小不等的分离体，使之具备向下滑动的条件。

（3）降雨和水文因素。降雨（尤其连续大暴雨）往往是触发滑坡、崩塌、泥石流的首要因素。因此，新址位于沟口时，应了解堆积区的形成历史，查看历史泥石流的发生特征；当新址位于沟口边缘或行洪区时，必须详细了解该区的地表汇流条件，注意收集了解历史上的洪水位，或泥位迹印，将新址落于较高位置；当新址后部近邻陡坡时，应细心查看斜坡的松散堆积物分布，判断产生坡面泥石流和滑坡的可能性。

（4）植被因素。树林和竹林茂密的斜坡也有可能产生滑坡和泥石流。这是因为斜坡表层土壤较为疏松，降雨时地表雨水不易渗入到下伏基岩中致使土体饱水。因此，所选新址后山植被发育时，应细心察看树木和竹林的形态。成片分布的"马刀树"指示斜坡表层土体处于不稳定的蠕滑状态，分布有东倒西歪的"醉汉林"表示斜坡将发生明显的滑动。

（5）人为不合理工程活动。在新址附近，应调查人为工程活动可能诱发的地质灾害。修路、采矿等在沟谷中弃渣可能诱发泥石流，斜坡后缘堆载或前缘开挖切脚可能诱发滑坡，农业灌溉、水渠和水池的漫溢和漏水、废水排放等会加剧滑坡的风险。

结合上述安全因素，新房选址应注意以下几点：

①新房选址不应选择在陡峭的坡地或山体旁边。（避免滑坡、塌方、山上落石）

②新房选址不应选择在地势低洼的河沟旁边。（避免大暴

雨水位高涨被水淹）

③新房选址不应选择在两山之间相交最低处。（避免大暴雨时发生泥石流）

④新房选址不应选择在道路转弯处，尤其是不能低于路面。（避免发生车祸）

⑤新房选址不应选择在小河沟边。

第四章 预防溺水安全常识

乡村防灾减灾百问百答

53. 中小学生游泳有哪些安全注意事项?

（1）不私自下水游泳。

（2）不擅自与他人结伴游泳。

（3）不在无家长或教师带领下游泳。

（4）不到无安全设施、无救援人员的水域游泳。

（5）不到不熟悉的水域游泳。

（6）不熟悉水性的学生不贸然下水施救。

（7）下水时切勿太饿、太饱。饭后一小时才能下水，以免抽筋。

（8）下水前试试水温，若水太冷，就不要下水。

（9）若在江、河、湖、海游泳，则必须有伴相陪，不可单独游泳。

（10）下水前观察游泳处的环境，若有危险警告，则不能在此游泳。

（11）不要在水下环境不清楚的峡谷游泳。这些地方的水深浅不一，而且凉，水中可能有伤人的障碍物，很不安全。

（12）跳水前一定要确保此处水深至少有 3 米，并且水下没有杂草、岩石等障碍物。以脚先入水较为安全。

（13）在海中游泳，要沿着海岸线平行方向而游，游泳技术一般或体力不充沛者，不要到深水区。在海岸做一标记，谨防被冲出太远，及时调整方向，确保安全。

54. 中小学生如何防溺水？

（1）要清楚自己的身体健康状况，平时四肢容易抽筋者不宜参加游泳，或不要到深水区游泳。要做好下水前的准备，先活动活动身体，如水温太低应先在浅水处用水淋洗身体，待适应水温后再下水游泳。镶有假牙的同学，应将假牙取下，以防戗水时假牙落入食管或气管。

（2）对自己的水性要有自知之明，下水后不能逞能，不要贸然跳水和潜泳，更不能互相打闹，以免戗水和溺水。不要在急流和漩涡处游泳，更不要酒后游泳。

（3）在游泳中如果突然觉得身体不舒服，如眩晕、恶心、心慌、气短等，要立即上岸休息或呼救。

（4）在游泳中，若遇抽筋，千万不要惊慌。若是手指抽筋，则可将手握拳，然后用力张开，反复几次，直到抽筋消除为止；若是小腿或脚趾抽筋，先吸一口气再仰浮水上，用抽筋肢体对侧的手握住抽筋肢体的脚趾，并用力向身体方向拉，同时用同侧的手掌压在抽筋肢体的膝盖上，帮助抽筋腿伸直；要是大腿抽筋的话，可同样采用拉长抽筋肌肉的办法解决。

55. 如何急救溺水者?

（1）发现有溺水的人，会游泳并且会急救的人要将溺水者救出水面。如果你只是会游泳而不会急救，就不要强行去救人，但可以救比你体重轻的溺水者。

（2）将溺水的人从水里救出后，边上的人要用纸或者当时能够拿到的清理物品，清理出溺水者鼻腔及口腔里的异物。有假牙的要取出假牙并将其舌头拉出。

（3）清理鼻腔、口腔后，对于有领口、腰带的溺水者要松解领口和腰带，女性溺水者还要松解紧裹的内衣。

（4）倒水，除按压溺水者的腹部，还可以用你的膝盖顶溺水者的肚子。对于体重较轻的小孩还可以用肩顶其肚子的方法将水倒出。

（5）将水倒出后，若溺水者还没有清醒，就要对其进行心肺复苏。这需要专业培训。如果周围的人都不懂心肺复苏的方法，应立即送医院救治。

56. 游泳时耳朵进水怎么办?

（1）单足跳跃法：患耳向下，借用水的重力，使水向下从外耳道流出。

（2）活动外耳道法：可连续用手掌压迫耳屏，或用手指牵拉耳郭，或反复地做张口动作，活动颞颌关节，使外耳道皮肤不断上下左右活动，水向外流出。

（3）外耳道清理法：用干净的细棉签轻轻探入外耳道，把水吸出。

由于游泳池或河水不干净，污水入耳后可能会引起外耳道皮肤及鼓膜感染，可能会引起以下几种耳病：外耳道炎、外耳道疖肿、耵聍栓塞、鼓膜炎、化脓性中耳炎。

57. 如何进行心肺复苏？

心肺复苏通常采用人工胸外挤压和口对口人工呼吸。无论何种方法，急救开始的同时，均应及时拨打120急救电话。

抢救前，施救者首先要确保现场安全，确定病人呼吸、脉搏确实停止，然后再施行心肺复苏救助。

施救者先使病人仰面平卧于坚实的平面上，然后自己的两腿自然分开，与肩同宽，跪于病人肩与腰之间的一侧。

（1）人工呼吸方法：一手捏住病人鼻翼两侧，另一手食指与中指抬起患者下颌，深吸一口气，用口对准病人的口吹气，吹气停止后放松鼻孔，让病人从鼻孔呼气，依此反复进行。成人每分钟14～16次，儿童每分钟20次，最初的6～7次吹气可快一些，以后转为正常速度，同时要注意观察病人的胸部，操作正确应能看到胸部有起伏，并感到有气流逸出。

（2）胸外心脏按压：让病人的头、胸部处于同一水平面，最好让病人躺在坚硬的地面上。抢救者左手掌根部放在病人的胸骨中下半部，右手掌重叠放在左手背上，手臂伸直，利用身体部分重量垂直下压胸腔 3～5 厘米（儿童 3 厘米，婴儿 2 厘米），然后放松。放松时掌根不要离开病人胸腔。挤压要平稳，有规则，不间断，也不能冲击猛压。下压与放松的时间应大致相等，频率为成人每分钟 80～100 次，儿童每分钟 100 次，婴儿每分钟 120 次。

58. 老年人为什么容易跌倒?

（1）由于老年人运动功能减弱，平常行走时越过障碍物的能力自然就下降，比如上台阶时腿抬不到一定的高度，容易被绊倒。

（2）由于平衡调节机能减退，即使行走在平坦的道路上，一个小石子也有可能把老年人绊倒在地。

（3）老年人突发心脑血管病的可能性也比年轻人大，如果心律失常发作或者短暂脑缺血发作，也可能导致老年人突然倒地。

（4）一些药物，比如降压药和治疗心脏病的药物，有可能会引起血压突然变化，导致脑供血不足，引起眩晕等感觉，导致老年人跌倒在地。

（5）在傍晚或者清晨，光线不好的时候，一些老年人也可能因为看不清道路、障碍物而摔倒在地。

59. 如何预防老年人发生意外?

（1）不要猛烈转头。转头固然可以锻炼颈部肌肉，缓解颈椎病所致的肩背肌肉僵硬、麻木，但要注意把握度。头部转动过快，锻炼时间过长，或动作幅度过大，有可能使颈动脉受压扭曲导致急性脑缺血，甚至出现意外。

（2）洗澡水不要太烫。洗澡水过烫会使全身皮肤毛细血管扩张，大量血液分布在体表，导致心脑等重要脏器供血相对不足，有心脑血管疾病的患者就易发生心脑急性缺血而致意外。另据研究证实，水中的有害物质三氯乙烯和三氯甲烷，在高温条件下分别有30%和50%可变成蒸气，并随着水温增高和时间延长而增多。

（3）老年人尽量少喝冰镇饮料。老年人大量饮用冰镇饮料极其危险，因为人的食道就在心脏背后，胃又在心脏底部，所以喝大量冰镇饮料会诱发冠状动脉痉挛，容易引发猝死。

（4）老年人不要吃得太饱和酗酒。老年人的消化系统功能减弱，饱餐和酗酒会增加肠胃负担，吃得过饱酗酒，容易引发"富贵病"，如冠心病、糖尿病。

（5）老年人不要空腹跑步。生命在于运动，但运动要讲究科学。空腹跑步不仅会增加心脏和肝脏负担，而且极易引发心律不齐，导致猝死。50岁以上的中老年人，由于利用机体内游离脂肪酸的能力比年轻人低得多，因此发生意外的可能性更大。

（6）老年人不要蹲便。排便时，人的动脉血压和心肌耗氧量会增加，血压骤升可导致脑出血，心肌耗氧量增加可诱发心绞痛、心肌梗死和心律失常。老年人血管调节反应差，蹲便时间过长突然站起来可能会因脑缺血而晕倒甚至猝死，所以老年人应使用坐便器。

60. 老年人突然跌倒怎么办?

遇到老年人跌倒不要急着扶起。老年人大多骨质疏松严重,跌倒后很容易出现骨折,如老年人摔倒后出现局部疼痛和肢体活动障碍,有可能已经发生骨折。如果将老年人匆忙扶起,可能会加重损伤,导致骨骼错位,若是伤到脊柱,甚至可能会损及脊髓。因此,遇到摔倒的老年人,要分情况处理。

(1)意识清醒。

①如果是因为道路不平或者运动功能下降而摔倒,或者是由于看不清路被绊倒,轻者会造成摔伤、瘀伤等问题,严重者则可能伤及骨骼,或者出血。

②如果跌倒的老年人没有剧痛、肢体不能活动等情况,可能伤得不重,可以试着把他扶起来,但是动作一定要慢,也不要用蛮力。

③如果老年人身上有特别疼痛的地方,或者觉得自己的身体活动有障碍,那可能是伤及了骨骼或者神经,这个时候随意搬动其身体可能会造成更大的损伤,应该小心处理。譬如老人跌伤了手臂,可能发生桡骨骨折或者尺骨骨折,老人会感到手掌发麻、手臂疼痛,骨折处还会肿胀、变形等。

④如果看得到伤口,有出血,就要先用衣物、毛巾、手绢等包扎止血。

⑤如果是摔伤了脊椎,特别是颈椎,盲目搬动老人可能会

造成脊髓的损伤，轻则几个月才能恢复，重则造成瘫痪。所以这种情况不可随意移动伤者，而应立即叫救护车，或找专业急救人员处理和转运。

（2）意识不清。

①遇到意识不清的倒地老人，可以先试图叫醒他，同时试探一下老人是否还有呼吸、心跳。如果老人的呼吸、心跳中止，就要立即开始进行心肺复苏（包括胸外按压、人工呼吸等），并且及时拨打120，叫救护车。

②如果老人摔倒后有呕吐等症状，那一定要把老人的头偏向一侧，以防止呕吐物被误吸引发窒息，还要用手或身边的工具掏出老人的呕吐物。

③如果老人摔倒后有抽搐等症状，可以用钱包等硬物放在上下牙齿之间，防止咬舌，并要及时呼救，找专人处理。千万不要试图用蛮力固定老人抽搐的肢体，防止发生二次损伤。

④家中的老人如果有心脏病史，老人突然倒地并失去意识很可能是心肌梗死，这时也不应随便搬动处理，要立刻拨打急救电话，送去医院救治。

61. 如何紧急救护中风患者？

（1）让患者保持安静，如果在浴室、厕所等地，应就近转移到易于处置的安静地方。

（2）将患者上半身垫高少许，躺下，松开衣服，室内保持安静和暖和。

（3）脑出血患者常发生呕吐，为避免呕吐物误入气管，可将患者头部侧向一边。

（4）患者出现大、小便失禁时，应就地处置，不要移动上半身。

（5）患者口部常较干燥，可用1%的重碳钠水或温开水润湿口唇，并以湿棉签将口中的黏液抹掉。

62. 如何避免小孩烧烫伤？

（1）勿让幼儿随意玩火柴、打火机，勿让小儿燃放爆竹、焰火等易燃物。小儿点煤气灶、点火油炉和烧柴火应在大人指导下进行。即使是大孩子，也应教会他们正确的使用方法及告知其危险性。煤炉、电炉等周围应装置围栏。

（2）热水瓶、开水壶、热粥、热汤锅应放置在小儿不易碰撞的稳妥地方。用加压热水瓶较安全，但也应教会大孩子正确的倒水方法，幼小儿童嘱其勿自倒开水。洗脸、洗澡时应先放冷水再加热水，以免烫伤小儿手、脚。用热水袋或取暖瓶时，要盖紧盖子以免漏水，并外加布套或毛巾，不可紧贴小儿身体四肢。

（3）屋内电源插座及开关应置于高处，或用拉线开关。家用电器应尽量置于年幼儿童不易拿到的地方，勿让小孩接触或摆弄；应教会大孩子正确的使用方法，切勿用湿手或湿布接触电器，如电灯、收音机、电视机等，以免触电、烧伤。打雷时人应远离电器 2 米以外。

（4）凡化学药品，如酸碱类及外用药，应放箱上锁，不可让孩子接触。工地石灰池也应加围栏，大人应教育小孩不要玩石灰。

63. 小孩烧烫伤后如何急救？

（1）冲：迅速以自来水（约 20°C）冲洗 15～30 分钟，快速降低皮肤表面热度。切勿直接冰敷皮肤，以免造成皮肤的二次伤害。

（2）脱：若伤口为衣物覆盖，应在充分湿润后再小心除去衣物，尽量避免硬脱衣物而将伤口水泡弄破；必要时可用剪刀剪开衣服，并暂时保留黏住部分。

（3）泡：将伤处浸泡于冷水中 15 分钟，可减轻疼痛及稳定情绪。但若烫伤面积扩大，特别是老人和小孩，应避免浸泡时间过久，导致体温流失或延误治疗时机。

（4）盖：用清洁干净的毛巾、布单或纱布覆盖伤口。切勿任意涂上外用药或民间偏方，这些方式不但无助于伤口的复原，也容易引起伤口感染，影响医护人员的判断和紧急处理。

（5）送：除极小且浅之烫伤可自理外，烫伤者最好送往邻近医院做进一步处理。若伤势较严重，则应送往设有烧烫伤中心的医院治疗。

如果是身上着火，应以"停、躺、滚"的方式处理。要避免到处奔跑，这样只会助长火势。此时，周围的人可用棉被、大衣或湿毛毯覆盖着火处，协助扑灭火势；伤者也可立即以双手掩住脸部，就地卧倒且快速翻滚。待火焰扑灭后，依上述烧烫伤急救方式处理。

64. 如何防狗咬？

（1）尽量远离狗，避免过近的接触。

（2）不要随意去逗陌生的狗，特别是不要让孩子去招惹狗，不要让孩子跟狗独处。

（3）与狗相处时，不要直视、尖叫。

（4）不要用灯光去照射狗的眼睛。

（5）不要盲目用工具驱赶狗。

（6）不要惊慌地逃跑。

（7）不要在狗睡觉或是吃东西的时候去打扰。

（8）不要轻易去抚摸陌生的狗。

65. 被猫狗咬伤怎么办？

一旦被猫狗咬伤，必须及早处理，并遵循如下三步并重的处理原则：

（1）要及时、彻底、正确处理伤口。（用净水涂肥皂冲洗）

（2）要正确使用抗狂犬病血清。

（3）要按说明书规定的免疫程序使用狂犬病疫苗。

若按形象化的公式表示，即"咬伤后的处理效果＝伤口处理＋抗狂犬病血清使用＋狂犬病疫苗注射"。只有三者都做足，才能达到"完全的"免疫。

66. 野外作业如何防止被毒蛇咬?

（1）除眼镜蛇外，蛇一般不会主动攻击人。我们没有发现它而过分逼近蛇体，或无意踩到蛇体时，它才咬人。如果与蛇不期而遇，要保持镇定，不要突然移动，不要向其发起攻击，应远道绕行。

（2）蛇是变温动物，气温达到18℃以上才出来活动。在南方，5～10月是蛇伤发病高峰期。在闷热欲雨或雨后初晴时，蛇经常出洞活动，这个时候要特别注意防蛇。

（3）蛇类的活动有一定规律。眼镜蛇、眼镜王蛇白天活动，银环蛇晚上活动，蝮蛇白天晚上都有活动。蛇咬人主要集中在9～15时，18～22时。此外，蝮蛇对热源很敏感，夜间行路用明火照亮时，要注意防避毒蛇咬伤。

（4）尽量避免在草丛里行军或休息，如果迫不得已，应穿高帮鞋（皮靴）、长衣长裤，戴帽、扣紧衣领、袖口、裤口。

如果迫不得已要打蛇，可取一根具有良好弹性的长棒，快速劈向其后脑。

（5）一些蛇类经常栖于树木之上。翻转石块或圆木，以及掘坑挖洞时要使用木棒，不可徒手进行这类活动。

（6）若被蛇追逐，应向山坡跑，或忽左忽右地转弯跑，切勿直跑或直向下坡跑。边跑边把手里的东西往它旁边扔过去，转移它注意力，或把衣服朝它扔过去蒙住它，然后跑开。

夜行应持手电筒照明。野外露营时应将附近的长草、泥洞、石穴清除，以防蛇类躲藏。关好帐篷门。注意常备蛇药，以防万一。

67. 被蛇咬伤如何自救互救？

（1）立即就地自救或互救，千万不要惊慌、奔跑，那样会加快毒素的吸收和扩散。

（2）立即用皮带、布带、手帕、绳索等物在距离伤口 3～5 厘米的地方缚扎，以减缓毒素扩散。每隔 20 分钟需放松 2～3 分钟，以避免肢体缺血坏死。因蛇毒主要通过淋巴管扩散，可在伤口 5～10 厘米的肢体近心端轻轻结扎。切勿长时间紧勒，从而影响血液循环造成组织坏死。

（3）用清水冲洗伤口，用生理盐水或高锰酸钾液冲洗更好。如果有毒牙残留，必须拔出。

（4）冲洗伤口后，用消过毒或清洁的刀片，以两毒牙痕为中心做"十"字形切口,切口不宜太深,只要切至皮下能使毒液排出即可。

(5)有条件的话,可以用拔火罐或者吸乳器反复抽吸伤口,将毒液吸出。紧急时也可用嘴吸,但是吸的人必须口腔无破溃,吐出毒液后要充分漱口。吸完后,要将伤口温敷,以利毒液继续流出。

(6)如身边有火柴,可点燃火柴。吹熄后,用烧热的火柴头灼烫伤口,破坏含蛋白酶的毒液。

(7)尽快服用各类蛇药,咬伤24小时后再用药无效。同时可用温开水或唾液将药片调成糊状,涂在伤口周围的2厘米处,伤口上不要包扎。

(8)经处理后,要立即去附近医院。

68. 如何预防0~6个月儿童窒息和气道阻塞?

(1)在婴幼儿的小床上,不要放置任何塑料包装材料和有封口的袋子,这些物品可能会引起婴儿窒息。

(2)尽量让婴儿单独睡,不与成人一起睡。成人的被褥或肢体盖住婴儿口鼻而导致婴儿窒息的事件已多次发生。

(3)不要把小的物件放置在婴幼儿可以触碰到的地方。

69. 如何预防 7~12 个月儿童窒息和气道阻塞?

（1）不要给孩子吃硬的、小块的食物，比如苹果、葡萄、胡萝卜、花生、爆米花和果冻等。

（2）不要把小的物件放置在婴幼儿可以触碰到的地方，哪怕一会也不行。

（3）家中的药品和化学用品（清洗剂、洗衣液等）要放在高处或锁起来。

（4）给孩子服用药物时，要仔细阅读说明书，或遵医嘱服用。

70. 如何预防 1~2 岁儿童跌落受伤?

（1）处于该年龄段的孩子已能奔跑和攀爬，注意保持家中的地面干燥，特别是浴室，可铺上防滑垫。不要在靠窗的地方放置凳子、沙发等家具。

（2）一楼以上的窗户，必须安装防护栏。

（3）保证家具都牢固地靠墙而立，带有尖角的家具须安装防护套。

71. 如何预防 3 ~ 4 岁儿童割伤？

（1）剪刀、刀具、针、珍珠项链等小物品必须放在上锁的抽屉或幼儿不易拿到的地方。

（2）在厨房做菜时，尽可能关上门。使用豆浆机、榨汁机等家用食品加工电器时，成人不得离开，成人离开时须关上电源。

（3）家中较低的桌子，如玻璃茶几，应保证四边为圆角，或安装防撞角。

（4）挑选玩具时注意边角是否锐利。

72. 如何预防 5 ~ 6 岁儿童道路交通伤害？

（1）确保孩子在骑车和滑轮运动前正确佩戴安全头盔，并确保头盔的质量。

（2）告诉孩子不要将自行车骑到马路上。

（3）教导孩子遵守交通规则，过马路前一定要先停下，观察信号灯和车辆情况。

（4）教导孩子不要在汽车周边玩耍。

（5）给孩子准备合适的儿童安全座椅，并正确安装使用。

73. 如何预防 7~9 岁儿童道路交通伤害?

（1）这个时期的孩子可能会独自上街、上学，家长要教导孩子关于机动车交通标识的知识，比如车灯对行人的意义等。

（2）告诉孩子过马路时要"左看右看再左看"。

（3）坚持让孩子坐在汽车的后座，并使用儿童安全座椅。

（4）时刻提醒孩子骑车注意安全，要留心观察。

74. 如何预防 10~14 岁儿童在娱乐和运动场所跌落?

（1）对于娱乐场和运动场的项目，要教导孩子认真听指令，不违规。

（2）给孩子准备好运动用的护具，如头盔、护膝等。

（3）对孩子运动和娱乐的场地，要做事先的检查，确保安全。

75. 如何预防公共场所的拥挤踩踏？

遇到人群拥挤的情形，不要好奇，应远离人群以保护自己。

（1）及时拨打 110 或 120 等报警电话。

（2）不跟随人群盲目乱动，冷静观察周围形势。

（3）已被裹挟至拥挤的人群中时，要听从指挥人员口令。

（4）与大多数人的前进方向保持一致，不要试图超过别人，更不能逆行。

（5）跑的时候踏稳每一步，努力保持身体平衡。

（6）发现有人摔倒，要马上停下脚步，同时大声呼救，告知后面的人不要靠近。

（7）若被推倒，要设法靠近墙壁，身体面壁蜷成球状，双手在颈后紧扣，以保护身体最脆弱的部位。如有可能，抓住一样坚固牢靠的东西。

（8）若摔倒在地，应保持俯卧姿势，两手紧抱后脑，两肘支撑地面，胸部不要贴地，这是防止踏伤最关键的一招。

（9）当带着孩子遭遇拥挤的人群时，最好将孩子抱起来，避免孩子在混乱中被踩伤。

公共场所撤退法则：冷静观察，听从指挥；踏稳脚步，与人一致；有人摔倒，大声呼救；摔倒在地，蜷成球形；避免仰卧，以免踏伤。

76. 扭伤后如何急救？

扭伤最常见于踝关节、手腕及下腰部。扭伤后，应立即停止运动，并做冷敷：将伤处泡在水中（最好用冰）冷敷 15 分钟左右，然后用冷湿布包敷。千万不要揉或者贴止痛膏，以防进一步出血，一两天后再热敷或者贴止痛膏。

77. 如何急救骨折伤者？

骨折的原因可分为外伤性和病理性两大类，外伤性骨折较为常见。

出现骨折时，应按照以下步骤处理：

（1）抢救伤者，注意保暖。对处于昏迷状态的伤员要保证其呼吸道的通畅，应避免过多搬动伤者，以免加重病情或增加伤者的痛苦。若伤肢肿胀明显，应及时剪开衣袖或裤管。

（2）止血和包扎伤口。无论伤口大小，都不宜用未经消毒的水冲洗或外敷药物。绝大多数伤口用压迫包扎后即可止血，尽量用比较清洁的布类包扎伤口。如有大血管出血，加压包扎不能控制时，可在伤口的近端结扎止血带，但要及时记录开始结扎止血带的时间。若骨折端戳出伤口，并已污染，不宜立即复位，以免将污物带入伤口深处。

（3）妥善固定伤肢。其范围要超过上下关节，固定材料应就地取材，树枝、木棍、木板等都适合作夹板。在缺乏外固定材料时也可以进行临时性的固定，如将受伤的上肢缚于上身躯干，或将受伤的下肢同健肢固定在一起。

其应急要点如下：

①用双手稳定及承托受伤部位，限制骨折处的活动，并放置软垫，用绷带、夹板或替代品妥善固定伤肢。

②如上肢受伤，则将伤肢固定于胸部；前臂受伤可用书本等托起，使手臂处于悬吊状态，避免受力碰撞，起临时保护作用；下肢骨折时不要试着站立，将受伤肢体与健康肢体并拢，用宽带绑扎在一起；脊柱骨折伤，应平躺于担架上，以免损伤其脊髓。

③应将伤肢适当抬高或垫高，高于心脏水平，以减少出血肿胀。

④如伤肢已扭曲，可用牵引法轻轻地将伤肢沿骨骼轴心拉直；若牵引时引起伤者剧痛或皮肤变白，应立即停止。

⑤完成包扎后，如伤者出现伤肢麻痹或脉搏消失等情况，应立即松解绷带。

⑥如伤口中已有脏物，不要用水冲洗，不要使用药物，也不要试图将裸露在伤口外的断骨复位，应在伤口上覆盖灭菌纱布，然后适度包扎固定。

⑦如伤口中已嵌入异物，不要拔除，可在异物两旁加上敷料，直接压迫止血，并将受伤部位抬高，在异物周围用绷带包扎，千万不要将异物压入伤口，否则会造成更大伤害。

（8）拨打120急救电话求救。

78. 胸腹外伤的急救要点有哪些?

当发生利器刺入胸、腹部或肠管外脱事故时，不能随便处理，以免因出血过多或脏器严重感染而危及伤者生命。

其应急要点如下：

（1）已经刺入胸、腹部的利器，千万不要自己取出，应就近找东西固定利器并立即将伤者送往医院。

（2）因腹部外伤造成肠管脱出体外，千万不要将脱出的肠管送回腹腔，应在脱出的肠管上覆盖消毒纱布，再用干净的碗或盆扣在伤口上，用绷带或布带固定，迅速送医院抢救。

（3）及时拨打120急救电话。

79. 眼灼伤时要注意什么?

各种化学物品的溶液或粉尘，都有可能引起眼灼伤。

其应急要点如下：

（1）眼睛被化学物品灼伤后，应尽快用大量清水冲洗眼睛。

（2）冲洗时不要溅及未受伤的眼睛。

（3）可以把整个面部泡在水里，连续做睁眼和闭眼的动作。

（4）冲洗后，用清洁敷料覆盖保护伤眼，迅速前往医院。

80. 眼外伤如何急救？

眼睛受外伤，绝对不能用自来水洗眼睛。处理人自己要先把手洗干净，然后用干净纱布盖上伤者的眼睛，稍微固定即可。如果用力包扎，压迫刺激伤口会发生感染。

如果有异物刺入眼内，千万不要自己取，要用干净酒杯扣在有异物的眼上，再盖上纱布，用绷带固定以后再去求医，尽量少走路，多乘车。

81. 头部创伤的急救原则是什么？

（1）迅速用清水洗净伤口异物，盖上一块敷料，挤压伤口周围，使创口闭合以减少出血。

（2）保持按压10分钟左右，当出血减缓时，在第一块敷料上再盖上另一块敷料。

（3）用一只手固定放置于伤口的敷料上，并将绷带的一端放在敷料上开始包绕头部，以包扎伤口。

（4）为防止绷带滑脱，可在头部背后（如果伤口在前面）

上下缠绕并互相压叠绷带。

82. 抽搐时如何紧急处理?

如果是在游泳时发生小腿抽搐,应马上上岸,把脚伸直坐下,反复用手捏住大足趾向后拉,并按摩小腿肌肉。如不能上岸的话,应吸气,让背浮起,在水中做上述动作。若出现全身性抽搐,要用纱布或手帕裹在筷子或小调羹上,塞在上下齿之间,以防咬破舌头。如果牙齿咬得很紧,不要强行撬开,可从两旁牙缝中插入筷子。同时,应保持呼吸道畅通,解开领口,放松裤带,让其平卧,头侧向一侧,以防呕吐物吸入呼吸道而造成窒息。针刺人中穴或用手指重按人中,有时也可起到止痉的效果。

当患者因高热而抽搐时,应让其睡在凉快的地方,解开衣服,用冷水浸湿毛巾后将之置于患者额部、腋窝及腹股沟大血管处,以加速机体散热,促使体温下降。

83. 压埋伤如何应急处理?

煤窑、防空洞、菜窖、房屋等倒塌,都可以造成人员压埋伤。发生这种情况,应迅速抢救,将被压伤者救出险境,但不可用力强拉硬拉，以免脊椎骨折者发生脊椎横断。救出伤员后，立即清除口腔和鼻孔内的泥沙，保证其呼吸道通畅。呼吸和心脏停止者，立即进行现场的心肺复苏。发生出血、骨折等情况，要进行止血、包扎、骨折固定等处理，然后送医院做进一步治疗。

84. 误服药物怎么办？

当有人误服药物后，要尽快弄清他什么时间，误服了什么药物和多少剂量。如果误服的是一般性药物（如毒副作用很小的维生素、止咳糖浆等），可以多饮凉开水，使药物稀释并及时排出；如果吃下的药物剂量过大又有毒性，应立即用手指或硬鸡毛刺激舌根催吐，然后再喝大量茶水、肥皂水反复催吐洗胃。催吐和洗胃后再喝几杯牛奶和 3～5 枚鸡蛋的蛋清养胃解毒；如果误服的是碘酒类等腐蚀性药物，要马上喝米汤、面汤等含淀粉液体；若误服来苏儿可喝蛋清、牛奶、面粉糊以保护胃黏膜；若误服强酸，应立即服石灰水、肥皂水、生蛋清，以保护胃黏膜；若误服强碱，应立即服用食醋、橘汁、柠檬水等，然后立即去医院。吃了有毒性的药物，在采取急救措施后，可取绿豆 100 克、甘草 20 克，煎煮 30 分钟，服汤以解余毒。另外，去医院急救时，应将误服的药物或药瓶带上，以便医生对症治疗，及时采取解毒措施。

85. 煤气中毒常见的原因有哪些？

（1）在密闭居室中使用煤炉取暖、做饭，由于通风不良，产生的一氧化碳会积蓄在室内造成煤气中毒。

（2）管道煤气漏气、开关不紧，也可能造成中毒。

（3）使用燃气热水器，通风不良，洗浴时间过长，可能会引发煤气中毒。

86. 如何预防燃气中毒？

（1）使用燃器具前要仔细阅读使用说明书，按要求正确操作。

（2）使用燃气设备的房间必须保持良好通风，如果长时间外出，切记把阀门关好。

（3）使用燃气灶具时，切记"人离火灭"，防止火被溢出的汤水或风扑灭，造成漏气，要确定燃烧正常后才能做其他事情。使用完毕后，请检查灶具开关及灶前阀门是否关好。

（4）定期检查户内燃气管道是否锈蚀，是否有穿孔漏气的可能。可用肥皂水刷在管道接口处观察是否有气泡冒出，或者观察燃气表红色尾数是否有变化，如红色表数变化，则证明存在漏气现象，需联系专业维修人员维修。

（5）发现漏气时，切勿启动或关闭排风扇、抽烟机等电源开关，不要在现场拨打、接听电话，立即打开门窗通风，离开现场后及时拨打抢修电话，等待维修人员上门处理。

（6）燃气热水器、灶具发生故障时，禁止私自安装、拆改燃气管道、燃气表等设备，应联系燃气公司的专业施工人员处理。

（7）不要将燃气热水器，禁止在卫生间、卧室敷设燃气立管，不要连续长时间使用燃气热水器。

（8）燃气表与燃器具水平净距不小于300毫米，不要在安装燃气设备的房间内再使用其他火源，如煤炉或液化气钢瓶等。

（9）连接灶具的燃气软管不超过2米，必须是耐油橡胶管，不能穿过墙、门、窗。软管与灶具、热水器的连接处要用专用的管卡钳紧，使用时间不超过18个月，如有老化、磨损，应立即更换。燃气管道禁止埋设在墙壁内或地板下，燃气灶周围不要放置易燃易爆物品。

（10）安装燃气设施、管道的房间内严禁住人，要教育儿童不要拨弄燃器具开关和划火点灶，防止发生意外。

（11）用户在装修房屋时，不要把燃气设施封闭在密闭空间内。需要隐藏燃气设施的，必须保证隐藏设施有一定的通风孔面积。

此外，为了预防煤气中毒还应该做到，一是合理使用煤炉，装上烟筒并使其完整，防止烟筒堵塞、漏气，烟筒伸向窗外的部分要加上防风帽。二是为了保险起见，可在家里安装一个换气扇。三是有煤气或液化气的家庭最好能安装一个可燃气体泄露报警器，当周围出现煤气或液化气泄漏时，可以尽早采取避险措施，保障生命、财产安全。

87. 使用煤气前有哪些注意事项？

使用煤气必须注意是否有臭味，确认无漏气时再开火使用，并注意通风要良好。

使用煤气钢瓶要注意：

（1）检查钢瓶的检验期限和检验合格标签。

（2）钢瓶须直立，不可将钢瓶放倒使用。且避免受猛烈震动。

（3）将钢瓶放置于通风良好且日晒不到的场所。

（4）钢瓶上不可放置物品，以免引燃。

88. 如何预防可燃气体泄漏？

（1）应该由天然气或液化石油气公司指定的专业施工人员对燃气管线等进行施工改造。

（2）应该到指定的或正规的天然气、液化石油气站（商店）购买专用软管和与其匹配的软管卡扣、减压阀等。

（3）软管与硬管及燃器具的连接处一定要使用专用的卡扣

进行固定，不应该随便使用铁丝缠绕固定，更不能不固定。

（4）软管不宜太长，不宜拖地，一般不长于2米。注意不能挤压铺设后的软管。

（5）定期检查和更换软管，防止软管因意外挤压、摩擦和热辐射而老化破损。

（6）严格按有关规定使用液化石油气钢瓶，不得倾倒使用和用热水浸泡，更不得加热，残液不得自行处理。

（7）家中有老人和小孩的，尽量不要让他们更换液化石油气钢瓶。

（8）使用燃气后，要随手关闭管道上的截门或钢瓶上的阀门，特别是患有鼻炎等嗅觉不灵敏的居民。如果长时间不在家，更要注意关闭总截门或钢瓶阀门。

（9）如果发现家中的燃气器发生故障，应该及时找厂家检修，不能带故障使用。

89. 怎样知道家中煤气是否外泄？

怀疑家中煤气泄漏时，不可用火柴或打火机点火测试，应以肥皂泡检查，并结合以下措施加以判断。

（1）闻：家用煤气中掺有臭剂，漏出时会有臭味。

（2）看：煤气外泄，空气中会有雾状白烟。

（3）听：煤气外泄会有"嘶嘶"的声音。

（4）探：手接近外泄的漏洞，会有凉凉的感觉。

90. 发现可燃气体泄漏后怎么办?

（1）当闻到家中有轻微的可燃气异味时，要仔细辨别和排除，如果确定泄漏，要立即开窗开门通风，并关闭截门和阀门。

（2）在开窗通风的同时，避免开关电器、排风扇、抽油烟机和打电话（不论是座机还是手机）等，以免产生电火花和电弧，防止引燃和引爆可燃气体。

（3）如果检查发现不是因燃器用具的开关未关闭或软管破损等明显原因造成的可燃气体泄漏，就要立即通知专业人士检修。

（4）如果是刚回家就闻到非常浓的可燃气异味，要迅速大声喊叫，用最快方式通知邻居"有可燃气泄漏了"，好让大家注意熄灭明火，避免开关电器。同时，要离开泄漏区，在可燃气浓度较低的地方迅速打119，并说明是哪种可燃气泄漏。

91. 煤气烟火呈现红色火焰时有什么危险性?

煤气火焰正常呈淡蓝色，呈红色说明燃烧不完全，有产生一氧化碳中毒的危险，应立即请煤气公司的专业人员检修、调整炉具。

92. 燃气罐着火怎么办？

燃气罐一旦着火，要用浸湿的被褥、衣物捂盖灭火，并迅速关闭阀门。

93. 施工不慎挖断煤气管线怎么办？

煤气管道被挖断发生泄漏后，居民应快速关闭阀门，切断电源、火源，并及时拨打119。在消防部门到达之前，应尽快疏散周围群众，在管道周围划定警戒线，避免发生爆炸给人群造成伤害，同时立即通知煤气公司关闭管道总阀门，防止继续泄漏造成更大的灾害。

94. 如何识别一氧化碳中毒？

（1）轻度中毒。中毒者感觉头晕、头痛、眼花、全身乏力，这时如能及时开窗通风，吸入新鲜空气，症状会很快减轻、消失。

（2）中度中毒。中毒者可能会出现多汗、烦躁、走路不稳、皮肤苍白、意识模糊、困倦乏力等症状，如果采取有效措施，基本可以治愈，很少留下后遗症。

（3）重度中毒。此时中毒者多已神志不清，牙关紧闭，全身抽动，大小便失禁，口唇呈樱红色，呼吸、脉搏增快，血压上升，心律不齐，肺部有罗音，体温可能上升。极度危重者可能持续深度昏迷，脉细弱，不规则呼吸，血压下降，也可出现高热40℃。

95. 煤气中毒现场如何急救?

（1）应尽快让中毒者离开中毒环境，并立即打开门窗，流通空气。

（2）中毒者应安静休息，避免因活动而加重心、肺负担及增加氧气的消耗量。

（3）给予中毒者充分的氧气。

（4）中毒较轻的人可以喝些浓茶、鲜萝卜汁和绿豆汤。

（5）神志不清的中毒者必须尽快抬出中毒环境，让中毒者平躺下，解开衣扣和裤带。在最短的时间内，检查中毒者呼吸、脉搏、血压情况，根据情况紧急处理。

（6）如中毒者呼吸、心跳停止，应立即进行人工呼吸和心脏按压，并打120急救。

（7）病情稳定后，将中毒者护送到医院做进一步检查治疗。

（8）中毒者应尽早进行高压氧舱治疗，减少后遗症。

96. 如何安全使用沼气？

沼气是一种易燃易爆的气体，在密闭状态下，空气中沼气含量达到 8.8% 时，只要遇到火种，就会引起爆炸。因此，使用沼气必须注意以下几点。

（1）沼气用具必须远离易燃物品。沼气灯和沼气炉不要放在柴草、衣物、蚊帐、木制家具等易燃物品附近，沼气灯的安装位置还应距离房顶远些，以防将顶棚烤着而引起火灾。

（2）必须采用"火等气"的点火方式。没有电子点火装置，要使用沼气灯和沼气炉时，应先擦火柴（打火机、点火枪）后打开开关。避免先开开关，沼气过多流出，而引起火灾或中毒。关闭时，要将开关拧紧，防止跑气。

（3）产气正常的沼气池，应经常用气，夏秋季产气快，要尽量每天晚上将沼气烧完。

（4）防止管道和附件漏气着火。经常检查输气管道、开关等是否漏气，如果漏气，要立即更换或修理。厨房要保持通风良好，空气清新。如嗅到硫化氢味（臭鸡蛋味），应禁止用火，人员立即离开，切断气源，并设法开门开窗，待室内无气味时，再检查、维修漏气部位。

（5）严禁在导气管上试火。沼气池边严禁烟火，若要检查池子是否产气，应在距离沼气池 10 米以上的沼气炉具上进行，不可在导气管上点火，以防回火，引起沼气池爆炸。

（6）选用优质沼气用具。使用沼气灶和沼气灯时，要注意调节空气进气孔，避免不完全燃烧。否则，不但浪费沼气，而且产生一氧化碳，危害人体健康。

97. 日常如何管理与维护沼气池？

（1）要经常检查输气管道。输气管道使用时间长了，会自然老化。管道被老鼠咬破的情况也可能发生。一旦发现管道开裂或漏气，马上更换，切不可大意。因为沼气中的硫化氢是有毒气体，泄漏会危及人、畜健康甚至生命。另外，沼气压力表也要经常检查，使用时间长了，其金属膜盒焊接不牢或被硫化氢腐蚀穿孔都会造成漏气，应立刻更换。检查输气管道是否漏气，可用毛笔蘸肥皂水涂抹管壁，发现冒气泡即为漏气。不能用明火检测漏气情况。输气管道及零部件更换要请专业人员进行，不可自行操作。

（2）沼气池进、出料口要加盖。如果需要打开，使用后要及时盖好，防止人、畜掉进池内。

（3）要经常观察压力表的变化。当沼气池内压力过大时，要立即用气、放气或从水压间排出部分料液，以防胀坏气箱（发酵池）、气体冲开池盖。如果池盖被冲开，要立即熄灭附近的烟火，以免引起火灾，并立即把冲开的池盖盖好。

（4）进料、出料要均衡，不能过多，坚持"先进后出"原则。如加料数量较大，应打开开关，并把气体引到室外，再慢慢地加料。一次出料较多，压力表下降到零时，应打开开关，以免负压过大而损坏沼气池。进、出料时，严禁试火和用气。

（5）进出料口应设置防雨水设施。一般高出地面 10 厘米左右，并避开过水道，以防雨水大量流入池内，压力突然加大，造成池子损坏和输气管道漏气。

98. 使用沼气有哪些安全注意事项？

（1）使用沼气时人不能离开，特别是小火时，一旦火熄后，无人操作，沼气继续排出，易引发安全事故。

（2）使用沼气，应注意空气流通。

（3）家中有小孩的，用完沼气后除关闭灶具开关外，还应关上调控器总开关，防止小孩在家玩耍点燃沼气，造成火灾或窒息事故。

（4）沼气池出沼肥时不能使用沼气，一是防止沼气池产生负压，沼气熄灭，二是防止随着出料量增加，沼气产生负压，空气从未关闭开关的灶具经过调控器吸入池内，使调控器内脱硫剂发生化学反应，产生高温，烧坏调控器。一般人只关注燃烧的沼气，不会关注未燃烧的，如果忘记关闭开关，沼气池内压力超过零压时，沼气排入室内，易引起火灾或窒息死亡事故。

99. 沼气池清渣和检修时如何安全下池？

（1）下池前必须先做动物试验。进入沼气池清渣和检修前，一定要揭开活动盖、进出料口盖，将沼液液面降低到进料口过门以下，使池内沼气能从活动盖、进料口、出料口等处跑掉，并设法向池内鼓风，促进空气流通。人下池前，必须把兔子、鸡鸭等小动物放入池内10分钟以上进行观察，若反应正常，人方可下池。否则，要加强鼓风，直至试验动物活动正常时，人才能下池（其间要继续向池内鼓风）。

（2）做好防护工作。下池人员要在腰部系好安全绳，搭梯子入池，池外要有两人以上守护。入池人员如感到头昏、发闷、不舒服，要马上出池，到池外空气流通的地方休息。一旦发生意外，守护人员不能下池救护，而应立即用安全绳把下池人拉到池外，并进行急救或送医院抢救。严禁单人下池操作。

（3）池内严禁明火照明。清除池内沉渣或下池检修时，不得携带火柴、打火机、蜡烛等明火和点燃的香烟，不能在沼气池内拨打或接听手机，以防点燃池中残余沼气，引起火灾。若确实需要照明，可用手电筒或防爆灯。

（4）佩戴护体工具。下池清除沉渣，不要直接用手或脚接触沉渣，要戴上手套、安全帽，穿上胶靴等，以防损伤。

100. 如何预防沼气爆炸、烧伤和火灾？

（1）沼气池经装料后，再检查是否产生沼气。点火试验时必须在离池较远的出气管口进行，千万不能在池顶导气管口直接点火。

（2）在正常使用时，不要在导气管上或进出料口直接点火，并要教育小孩不能在沼气池边玩火，以免产生回火，引起爆炸。

（3）出渣或检修时，可用手电筒照明，绝不能携带马灯、蜡烛、煤油灯等入池。严禁在池内吸烟，以防点燃池内残存的沼气，引起爆炸和烧伤事故。

（4）在沼气灯、沼气炉附近，不要堆放柴草等易燃物品。沼气灯要和屋顶（特别是草房、木屋）保持一定的距离。

（5）使用沼气炉时要先点火后开气，以免沼气聚积后猛一点火，引起火灾和烧伤。

（6）沼气使用完毕，要关紧开关。嗅到室内有臭鸡蛋味时，应立即打开窗户，可以用肥皂水检查导管接头或开关有无漏气。若发现漏气时，室内绝不能有明火，应及时修理、堵漏。

（7）一旦发生火灾，不要慌张，扑火的同时，应先拔掉室外输气导管，立即切断沼气来源。

101. 安全操作微耕机要注意什么？

（1）微耕机操作人员必须经过专业培训或熟读说明书方可操作，不熟悉微耕机操作方法的人员严禁操作。

（2）微耕机操作人员应特别注意机器上的安全警示标识，仔细阅读标识内容，并明示其他操作者。

（3）微耕机操作人员要注意防止被运动部件缠绕而造成伤害。要检查所有外露旋转件是否已被很好地防护起来。

（4）微耕机操作人员严禁疲劳工作，以免发生事故。

（5）每次工作前必须检查发动机及传动箱润滑油是否充足。

（6）使用前必须检查各部件及传动箱、发动机螺栓是否有松动、脱落现象。

（7）检查各操作部件（位）是否灵活有效。

（8）安装耕刀时，必须确认左右对称，工作刃面朝前。

（9）发动机启动前必须检查离合器是否在分离位置，变速杆是否放到空挡位置。

（10）为确保发动机正常工作，延长使用寿命，发动机发动后必须负荷运转，热车5～10分钟后方可工作，开始工作前1～2小时内最好不要高转速及重负荷工作。若发动机发动时出现飞车现象，应迅速切断供油或堵塞进气道使发动机立即熄火。

（11）要根据情况随时调整阻力杆高度，保持机身水平位置，以防因发动机倾斜过度，致使机器损坏。

（12）作业过程中应禁止碰摸旋转部具，避免扎伤，并远离排气管高温区，小心烫伤。

（13）必须在发动机停止运转后方能进行更换刀具、清除杂草及检查维修等操作。

（14）严禁用任何方式提高微耕机作业速度。

（15）发动机的转速、功率等在试验台上已调整正常，严禁随意调整。

（16）机器无照明装置，严禁在夜间使用微耕机作业。

（17）微耕机在田间地角、沟、穴、渠等附近作业要低速行驶。

（18）添加油料时，确保微耕机处于停机状态，并避开火种。

（19）在斜坡区域作业要注意机器平衡，可沿坡度方向作业，坡度应小于25度。

（20）严禁微耕机挂拖斗。

102. 拖拉机安全作业的口诀是什么？

拖拉机，效率高，安全作业最重要。驾驶员，须培训，持证上岗要记牢。拖拉机，上牌照，办理手续属正常。说明书，要细读，安全法规记心上。上道路，听指挥，遵章守法安全保。下田前，细检查，技术状况要良好。作业时，稳操作，驾机耕耙田间跑。转弯时，速度慢，机后农具要升高。倒车时，看前后，注意人机不受伤。过田埂，走水沟，慢慢转移不要慌。作业后，勤保养，确保机器无故障。拖拉机，作业忙，安全生产不能忘。

103. 拖拉机夏季安全行车的口诀是什么？

盛夏已来临，行车易疲困。司机莫麻痹，驾驶要谨慎。出车勤检查，车况要保证。车速有快慢，车距不可近。转弯先鸣号，减速靠右行。会车要降速，礼让先慢行。

天热人易困，停车养精神。农忙车马多，路狭应小心。不开故障车，检查保养勤。夏季雷雨频，路滑要警惕。山路易塌方，情况要弄清。机车温度高，加水先降温。城镇人稠密，驾车要留神。夜静人乘凉，路上要警惕。遵章又守纪，平安伴君行。

104. 驾驶拖拉机有哪"十不准"？

（1）不准无证驾驶，驾驶拖拉机时，必须携带驾驶证和行驶证。

（2）不准将拖拉机交给无驾驶证的人员驾驶。

（3）不准饮酒后驾驶拖拉机。

（4）不准转借、涂改或伪造驾驶证。

（5）驾驶员在行车时不准穿拖鞋、吸烟、饮食、闲谈或有其他妨碍安全作业的行为。

（6）不准驾驶故障拖拉机，特别是安全设施不全或机件失灵的拖拉机。

（7）不准带病驾驶拖拉机。

（8）不准过度疲劳驾驶拖拉机。

（9）不准让儿童坐在驾驶员旁边。

（10）发动机运转时，不准离开工作岗位。

105. 使用拖拉机有什么规定？

（1）禁止将拖拉机用于客运。

（2）拖拉机载物、载人不得超过行驶证核定的载重量和载人数，车厢不得载人，载物尺寸应当符合规定，禁止人货混装。

（3）拖拉机未经检验或者检验不合格的，不得继续使用。

（4）不得擅自改装拖拉机。

（5）不得继续使用达到报废标准的拖拉机。

（6）禁止8.83千瓦以下拖拉机及微耕机挂斗上道路行驶。

106. 拖拉机使用中有哪些操作误区？

（1）新购或大修后的拖拉机不经试运转（磨合）就投入负荷作业。

（2）经常更换冷却水，认为水温越低越好。

（3）认为喷油压力越高越好。

（4）认为三角皮带越紧越好。

（5）半联动减速。

（6）新、旧机油混用。

（7）冬天用明火烤油底壳、帮助起动。

107. 拖拉机农田作业有哪些安全注意事项？

（1）操作人员应先了解机具的使用性能和安全注意事项，方可操作。作业时应特别注意机具旋转部位。

（2）须认真检查机具的技术状态，正常时方可作业。

（3）刀具旋转正常后，方能入土作业，不允许急降机具。

（4）作业中机具出现不正常声音，必须停车检查，排除故障。

（5）检查旋转部件或更换零件时，必须切断机具传动动力，必要时拖拉机熄火。

（6）作业中机具上严禁站人，严禁接触旋转部件。

108. 使用电动农机具要注意什么？

（1）电动农机具的金属外壳必须有可靠的接地装置或临时接地装置，以避免触电事故的发生。

（2）移动电动农机具时，必须事先关掉电源，千万不可带电移动。

（3）电动农机具的供电线路必须按照用电规则安装，严禁乱拉乱接。

（4）电动农机具发生故障，须断电检修，不能带电作业。

（5）使用单相电动机的农机具，要安装低压触电保安器，并经常保持其灵敏可靠。

（6）长期未用或受潮的农机具，在投入正常作用前应进行试运转。如果通电后不运转，必须立即拉闸断电。

（7）农机具操作人员要加强安全防范意识，严格执行操作规程。在操作时，应穿绝缘鞋，不要用手和湿布揩擦电器设备，不要在电线上悬挂衣物。

（8）一旦发生电器火灾，要立即拉闸，不要在拉闸停电之前就泼水救火，以防传电、漏电。如果有人触电也要先立即切断电源再救人。

109. 如何安全使用联合收割机？

（1）联合收割机应当在农机监理机构登记并领取号牌、行驶证后，方可投入使用。

（2）未参加年度检验或者年度检验不合格的联合收割机，不得继续使用。

（3）联合收割机驾驶人须经农机监理机构考试合格，并领取联合收割机驾驶证后方可参加作业。

（4）联合收割机的传动和危险部位应有牢固可靠的安全防护装置，并有明显的安全警示标识。

（5）联合收割机驾驶室不得超员，不得放置妨碍安全驾驶的物品，与作业有关的人员必须坐在规定的位置。

（6）联合收割机启动前，应当将变速杆、动力输出轴操纵手柄置于空挡位置；起步时，应当鸣号或者发出信号，提醒有关作业人员注意安全。

（7）联合收割机上、下坡不得曲线行驶、急转弯和横坡掉头；下陡坡不得空挡、熄火或分离离合器滑行；必须在坡路停留时，应当采取可靠的防滑措施。

（8）联合收割机的保养、清除杂物和排除故障工作中进行。禁止在排除故障时起动发动机或接合动力挡。禁止在未停机时直接将手伸入出粮口或排草口排除堵塞。

（9）联合收割机应当配备有效的消防器材，夜间作业所需照明设备应当齐全有效。联合收割机作业区严禁烟火。检查和添加燃油及排除故障时，不得用明火照明。

（10）与悬挂式联合收割机配套的拖拉机作业时，发动机排气管应当安装火星收集器，并按规定清理积炭。

（11）联合收割机在道路行驶或转移时，应当遵守道路交通安全法律、法规，服从交通警察的指挥，并将左、右制动板锁住，收割台提升到最高位置并予以锁定，不得在起伏不平的路上高速行驶。

（12）联合收割机停机后，应当切断作业离合器，锁定停车制动装置，收割台放到可靠的支撑物上。

（13）从事跨区作业的联合收割机，机主须向当地县级以上农机管理部门申领联合收割机跨区收获作业证（以下简称"作业证"）。

（14）严禁没有明确作业地点的联合收割机盲目流动，扰乱跨区作业秩序。

（15）联合收割机及驾驶员、辅助作业人员应严格按照《联合收割机及驾驶员安全监理规定》的要求作业，做到安全生产，防止农机事故发生。跨区作业期间发生农机事故的，应当及时向当地农机管理部门报告，并接受调查和处理。

（16）农业机械作业场地要设专人管护，场地四周要设安全警戒线。

（17）农业机械进入场院前要加装防火罩，农产品加工车间或私人加工作坊要配备干粉灭火器。

110. 使用脱粒机有哪些禁忌?

（1）忌保管不善。当每年夏、秋粮收割结束，脱粒机不再使用时，应对脱粒机作全面擦洗，置于室内保管，不能扔在地头、场边，任凭风吹雨淋，使机件锈蚀、损坏，留下安全隐患。

（2）忌用前不检修。在夏、秋粮收割前，须认真检查、修理脱粒机，查看螺栓是否松动、纹杆是否完好、传动部件等是否有问题，找出不安全因素并加以排除，切不可带"病"运转。

（3）忌超负荷工作。不论是用电动机还是柴油机作动力，工作时均不能超负荷，否则很不安全。

（4）忌随意移动和安装。脱粒机及其动力机的移动与安装，均须由熟练的专业技术人员操作，不可自己动手。移动电动脱粒机时，必须先关掉电源，绝缘电线不可在地面拖拉，以防磨破绝缘层，造成漏电伤人。柴油机的停机和启动，均应由专业人员检查安全后再操作。

（5）忌安全装置不全。脱粒机及其动力机上的安全装置，必须齐全。如传动带一定要有安全防护罩，电动机一定要接地线等，以确保人身安全。

（6）忌临时拼凑脱粒人员。使用脱粒机的人，应懂得机械操作和安全知识，要有实践经验。切忌临时拼凑人员，否则很容易发生事故。

（7）忌秸秆喂入不均匀。在脱粒机中脱粒时，应注意均匀喂入，喂入量适当，不可将秸秆成捆喂入，更不能将夹杂的异物与秸秆一起喂入，否则易损坏机件和伤害人身。人的手臂绝不能伸进喂料口，以防被高速旋转的纹杆打伤。

（8）忌人多手杂。参加脱粒的人数要适当，并非越多越好。人多了，不仅浪费人力，也容易引发意外事故。

（9）忌连续作业时间过长。连续作业的时间不宜过长，一般工作 5~6 小时后，要停机休息一下，并对脱粒机及其动力机进行安全检查，使人得到休息的同时，也使机械得到保养。否则容易发生事故。

（10）忌用自制和淘汰的脱粒机。自制脱粒机或淘汰的旧脱粒机，安全性能很差，容易出事故。

111. 使用植保机械防治病虫草害有哪些安全注意事项?

在使用植保机械防治病虫草害的过程中，如果操作不当会使有毒物质通过口、皮肤和呼吸道进入体内，对人体造成毒害，甚至危及生命。因此，植保作业要按照农业机械田间作业标准进行，保证作业质量，同时植保机械操作人员要注意以下几个方面。

（1）施药人员必须了解、熟悉农药的性能，要优先选用毒性最小、残毒最低的药类，严禁使用禁用的剧毒农药。

（2）施药人员应熟悉所用器械，按照安全操作规程操作，在全面了解了机器性能，掌握使用方法的前提下，投入正式作业前一定要进行试喷作业；试喷作业前应对机器进行全面调整，同时根据机器喷头流量、喷幅和药桶容积计算制定行走速度；试喷时药桶内只装满水不兑药，按照制定的行走速度进行试喷作业，试出一桶水的作业面积，根据所选药品特性确定一桶水用药量；同时观察各喷头雾化情况和扇面大小，依此固定喷头距离，确保不重喷，不漏喷；正式作业时一定严格按照试喷作业时各项技术指标进行。

（3）配药和喷药工作人员应穿着专用的工作服、鞋袜、口罩、手套和风镜等防护品，应尽量避免皮肤与农药接触。施药时穿的衣物施药后应及时清洗。

（4）作业时应携带毛巾、肥皂和足够的清水，以便在工作中不慎接触农药时能及时清洗。

（5）在配置和喷施农药时禁止吃东西、抽烟、喝水。中途如需进食、抽烟、喝水，必须用肥皂、清水将手、脸洗干净。

（6）配制和喷施农药时，不能由一个人单独进行，但不得让非工作人员进入配药现场。

（7）喷施农药时，工作人员应在上风位置，并随时注意风向变化，及时改变作业的行走方向，尽量顺风施药。

（8）喷施农药时，工作人员应换班操作机械，连续作业时间不要过长。应尽量在早晚喷药，不要在炎热的中午施药。

（9）喷雾机械在田间发生故障时，应先卸除管道及空气室内的压力，然后再拆卸。

（10）配药容器应专用，尤其要注意防止儿童玩耍喷药器具或误食农药。装农药的容器和包装袋使用后应送回库中或及时妥善处理。

（11）施药人员在作业中如感到有头痛、头晕、恶心、呕吐等中毒症状时，必须立即停止作业，离开工作地点，脱去污染的衣服，洗净手、脸和被污染的皮肤部位，并及时到医院诊治。

（12）身上有伤口未愈者、哺乳和怀孕的妇女与儿童都不得参加配制和喷施农药作业。

（13）喷过药的区域严禁放牧，刚喷过药的水果、蔬菜不得食用。

（14）夜间检查或添加药剂时，不准用明火照明。

（15）作业结束后，应在适当地点对机械进行彻底清洗，并防止水源污染。

112. 农业机械操作有哪"五个禁止"？

（1）禁止水箱不加盖。由于水箱经常开锅，而在添加冷却水时必须停机降温后才能打开箱盖，不少操作员为节省卸盖加水降温的时间，让水箱敞口工作。这样做容易造成大量的农作物碎叶和灰尘进入水箱内部，而随着冷却水流经水泵到达机体和缸盖，直接影响散热，引起发动机过热。

（2）禁止排除故障时不熄火。有些操作员在作业中发现拖拉机或配套机具故障，为图方便，在发动机不熄火的情况下排除故障，很容易引发安全事故。

（3）禁止拖拉机转移时不切断作业机械动力。拖拉机在田间转移时不切断动力，容易导致开沟机和耕机刀片、收割机切割器、播种机开沟器等在通过田埂、小沟或其他障碍物时被损坏或碰伤人。

（4）禁止脱粒机作业时操作员擅离工作岗位。农忙时节，有些操作员加班加点连续作业，比较疲劳，有的会擅自脱离岗位去休息。这类因操作员擅离工作岗位，导致脱粒机伤人的事故频频发生。

（5）禁止用水淋湿散热器。许多操作员在水箱开锅加水时，先用一桶水泼在水箱盖以降低温度，致使散热片被淋湿；有的操作员在加水时，使溢出的水流向散热器片。殊不知这么做只会雪上加霜，散热器片间空气通道本来就小，易遭杂物和灰尘堵塞，淋上水后更促使尘杂黏附在散热器片上，使空气通道面积迅速减小或堵塞，散热效果降低，导致水箱开锅时间缩短，影响作业。

113. 使用农业机械必须避免的常见错误操作有哪些？

（1）支撑车辆的错误做法。当轮胎损坏或更换轮胎时，用砖头、石块、木块或单独用千斤顶支撑，这种做法是不安全的。正确的做法应该是用千斤顶和结实的木墩同时垫起车架。前后轮还要用三角木或较大石头卡死，防止车辆前后移动。最好在坚实的平地上进行维修，以防倾倒伤人。

（2）轮胎充气的不安全操作。轮胎经卸装后重新充气，不加防护，会使钢圈弹出击伤人。正确的方法是充气前将轮胎、锁圈、挡圈和轮圈一起用锁链锁住；还可将挡圈一侧朝向地面或墙壁再充气，防止轮圈弹出伤人。

（3）调试发动机的错误操作。在调试机器时，人员接近风扇、传动带或排气管等危险部位，或将工具、零件随意放在机器上，导致掉落伤人、损机。调试人员衣着要利落，女士要将头发扎起，非调试人员要远离机器，调试时尽量停机，在机器下部调试必须熄火。必须着火调试的应派专人看守机器的操纵机构（驾驶室的离合踏板等），防止他人误动；调试后启动前要清点工具和零件，并发出信号。

（4）维护传动机的错误操作。包括用手或其他物体伸向传动部位；皮带接头安装不牢固；机器运转中裁挂皮带；用手拉皮带；调节皮带紧度时机器不熄火；从皮带上方跨越。

（5）用启动绳启动的错误做法。用启动绳启动时，启动绳绕在手上拉绳，或启动绳绕飞轮超过 1.5 圈；用手转动飞轮时不断油、断电，且转动过快，容易出现突发爆发、回弹而伤手指。

（6）用手摇把启动的错误操作。维修人员用手摇把启动发动机时，用拇指与其余四指分开握摇把，而不是五指并拢后握摇把；下压摇把而不是上提摇把；双手握摇把摇车。这些操作都是不当的，容易击伤手臂或手指。尤其在点火前做过多发动，使得发动机过热，摇把容易出现回击，伤及手臂手指。

（7）加油时的错误操作。向油箱加油或检查油量时吸烟或点火；夜间加油时，用明火照明，加油时在排气管一侧；油滴在箱外不擦干净，滴在衣服上，不晾干就靠近明火或吸烟；燃油着火后用水浇，而不是用沙子、干土等物遮盖；加带铅的汽油用嘴吸油管，或用嘴接触带油的零件，造成中毒。

（8）加水的错误做法。在发动机高温特别是开锅的情况下，立即打开水箱盖。而不是先把放水开关打开，待水压降低后再用毛巾等物包住水箱盖，并将身体后头脸偏向一侧后再缓慢拧下。

（9）排除掐车（链条与齿轮不能咬合）时的错误做法。机车或插秧机等出现掐车后，人在车前停留或工作，一旦机车或插秧机接触掐车后便会突然窜出伤人，造成事故。

（10）拆装弹簧时的错误操作。拆装离合器弹簧、气门锁夹等不用专用工具，而用起子等撬起，会致使弹簧弹出击伤人。

114. 如何预防农机作业伤人？

（1）要选择正规的经销地点购买农机。要求卖家出示经销商许可证等正规证件，开具正规的发票，这样可以保证出现问题时能拿证据说话，切实保障自己的购买权益。

（2）购买农机时可以要求卖家提供培训服务。并不是所有的农机都是通用的，有些农机有区域或其他的使用限制，一定要事先了解各项指标的最大承受程度，按厂家指导去操作。

（3）要定期对农机进行检查维护。不重视小毛病往往会造成大麻烦。有条件的可以定期去专业的维护地点检查维护。尤其是春季再次启用机器时，一定要提前做好检修工作。

（4）积极参加厂家、政府部门组织的相关研讨会或培训，有利于提高自身操作和掌控机器的能力。

（5）多去网上查阅学习资料，参与群组论坛，互相交流经验。

第八章
安全用电常识

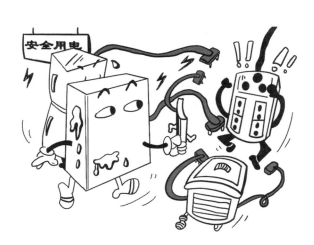

115. 日常生活中如何防触电？

（1）用户用电或临时用电需向当地电力部门申请。

（2）严禁私拉乱接用电设备。

（3）家庭用电禁止拉临时线和使用带插座的灯头。

（4）自觉遵守安全用电规章制度。低压线路应安装漏电保护器，合理选用熔丝（保险丝）、熔片（保险片）或熔管，严禁用铜、铝、铁丝代替。在保护接地或保护接零的基础上安装漏电保护器。形成防触电的双保险，确保万无一失。

（5）晒衣服的铁丝和电线要保持足够距离，晒衣线（绳）与电力线要保持 1.25 米以上的水平距离，不要缠绕在一起，也不要在电线上晒挂衣服。

（6）发现电力线断落时，不要靠近，不能捡，要离开导线的落地点 8 米以外，并派人看守现场，立即找电工处理或拨打电力服务热线 95598。

（7）严禁站在潮湿的地面上触动带电物体，或用潮湿抹布擦拭带电的家用电器。擦拭电器和更换灯泡时，必须先断开电源。

（8）不使用绝缘破损的导线、插头、插座、开关等。

（9）严格按说明书要求正确使用电器。用户在使用新购买的家电产品之前应该仔细阅读说明书，并严格按照说明书的提示操作和保养，特别要留意说明书中"警告"的内容，以免给自己造成不必要的损失和人身伤害。

（10）掌握安全用电常识。家用电器停用时，应拔掉电源插头；修理家中的线路或电器时必须先断电；搬动家用电器前，应关上开关并拔去插头，并避免磕碰。

（11）避免旧家用电器超期服役。家用电器超过使用寿命后，电器元件会老化，电器内部绝缘不良，可能发生外壳带电现象，给使用者带来人身伤害。

116. 如何保护电力设施？

电力设施是维护公共安全，保障电力生产和建设顺利进行的设备、辅助设备及其有关空间场所的总和。包括发电、变电设施，电力线路设施与有关辅助设施。

（1）严格执行《中华人民共和国电力法》，严厉打击偷盗电能的违法行为。

（2）禁止在电力线路保护区内盖房子、栽树。在电线附近立井架、修理房屋或砍伐树木时要采取措施，对可能碰到线路设备的工程，要找供电所停电后再进行。

（3）机车行驶或田间作业时，不要碰电杆和拉线。

（4）不在电线附近采石放炮，不靠近电杆挖坑或取土，不准在电杆附近挖鱼塘，不准在电杆上拴牲口，不准破坏拉线，以防倒杆断线。

（5）严禁在杆塔、拉线基础规定范围内倾倒有害化学物品。

（6）教育儿童不玩弄电器设备，不爬电杆，不爬变压器台，不摇晃拉线，不在电线附近放风筝、打鸟，不准往电线、磁瓶和变压器上扔东西，恶劣天气时应避开架空线路。

（7）严禁攀登变压器台架、翻越电力设施的保护围墙或遮拦。

117. 如何安全使用电气设备？

（1）认识了解电源总开关，学会在紧急情况下关断总电源。

（2）不用手或导电物（如铁丝、钉子、别针等金属制品）去接触、探试电源插座内部。

（3）不用湿手触摸电器，不用湿布擦拭电器。

（4）电器使用完毕后应拔掉电源插头；插拔电源插头时不要用力拉拽电线，以防止电线的绝缘层受损造成触电；电线的绝缘皮剥落，要及时更换新线或者用绝缘胶布包好。

（5）发现有人触电要设法及时关断电源；或者用干燥的木棍等物将触电者与带电的电器分开，不要用手去直接救人；年龄小的孩子遇到有人触电的情况，应呼喊成年人相助，不要自己处理，以防触电。

（6）不随意拆卸、安装电源线路、插座、插头等。哪怕安装灯泡等简单的事情，也要先关断电源再进行。

118. 如何预防农村公共电力设施触电伤亡事故？

（1）严禁私自开启配电室和住宅内开关箱门。

（2）用电要申请，安装、维修找电工，不私拉乱接用电设备。不使用挂钩线、破股线、地爬线和绝缘不合格的导线接电。不私设电网防盗和捕鼠、狩猎、捕鱼。不攀登、跨越电力设施的保护围墙或遮拦。

（3）通信线、广播线不与电力线同杆架设；架设电视天线时应远离电力线路，天线杆、天线拉线与电力线路的净空距离应大于3米。

（4）不在电力线路的保护区内盖房子、打井、打场、堆柴草、栽树。在电力线路保护区内种植的树木、竹林等，其最终自然生长高度与电力线路的垂直和水平安全距离要符合电力部门的规定。晒衣线（绳）与低压电力线要保持1.25米以上的水平距离。演戏、放电影、钓鱼和集会等活动要远离架空电力线路和其他带电设备。

（5）船只通过跨河线时，应及早放下桅杆。马车通过电力线时，不要扬鞭。机动车辆行驶或田间作业时不要碰电杆和拉线。

（6）教育儿童不玩弄电气设备、不爬电杆、不摇晃拉线、不爬变压器台，不要在电力线附近打鸟、放风筝。

（7）剩余电流动作保护器动作后，应迅速查明跳闸原因，排除故障后方能投运。

（8）发现电力线断落时，不要靠近；如距离导线的落地点8米以内时，应及时将双脚并立。

119. 如何安全使用电冰箱？

（1）使用电冰箱前应先仔细阅读产品说明书。电冰箱使用时应放在平坦踏实的地面上，否则会影响冰箱散热。新安置的电冰箱，应静置2～6小时后再开机，以免故障。

（2）电冰箱应放置在干燥、通风处，不要靠近热源或放在潮湿的地方，也不要放在阳光直射的地方。冰箱的顶部留30厘米以上的空间，两侧留有转动空间。

（3）冰箱使用一段时间后感觉气味偏大，需要做内部清洗。清洗前先切断电源，用餐具清洗剂冲洗，洗后擦拭干净或晾干。疏通并清除下水管污物时，可用茶叶或除味剂放入冷藏箱内除味。

（4）定期清除冷凝器和压缩机表面的灰尘，可以用软毛刷或吸尘器清理，不可用水喷淋冲洗，也不可加防尘盖。

（5）电冰箱不要长期停机或放置，以免滋生细菌，影响冰箱使用寿命。

（6）即使因特殊原因不使用冰箱，都应每周通电运行6～8小时。一般冰箱温控器的档位需根据季节、环境温度、使用情况来适当调整。在夏季，温控器于"1"或"2"较为合适；在春、秋季，温控器于"3"或"4"较为合适；冬天，当环境温度低于10℃时，需将冰箱的季节开关打开。

（7）冷冻室不要放置液体、玻璃器皿，以防冻裂损坏。挥发性、易燃性化学物质、易腐蚀酸碱物品不要放入，以免损坏冰箱。

（8）冰箱不可横卧，以免油堵或造成致命损坏。不要在冰箱附近使用可燃性喷雾剂，以免烧伤燃爆。要用铲冰专用的塑料铲子除霜，以免损坏蒸发器表面涂层。

120. 如何避免电热毯安全事故？

一般使用电热毯的季节是寒冷的冬季，冬季使用电热毯应特别注意防火：

（1）购买电热毯时，首先检查有没有合格证。其次，检查其做工情况，尤其要注意电线接头的地方。最好再做一下通电检查。

（2）使用电热毯前要仔细阅读说明书，按照使用说明操作。

（3）第一次使用电热毯或长期搁置后再使用的时候，应先通电1小时，检查是否有漏电现象，发热是否均匀，判断电热毯性能是否良好。

（4）在沙发、钢丝床上，须使用折叠型的电热毯。

（5）使用电热毯时要注意防潮，特别要防止小孩或病人尿床。不要在电热毯上只铺一层床单。否则电热毯打褶容易导致局部过热或电线损坏，引发意外。

（6）怀孕早期的妇女不宜使用电热毯，否则有可能导致胎儿畸形。

（7）儿童不宜使用电热毯，否则会导致幼儿的皮肤水分含量减少，引发皮炎。

（8）电热毯不能在折叠的情况下通电，用完后一定要及时切断电源，防止热量过高引起失火。

121. 农村电工必须掌握的基础知识是什么？

（1）使用电压等级相符的验电器验电，不能用低压验电笔试高压电，更不能用手背试电。

（2）不能用低压绝缘线钩挂高压电线。

（3）不能用竹竿或者木杆代替绝缘棒操作跌落式熔断器。

（4）不能赤手拨拉断落的带电导线和赤手拖拉触电者。

（5）不能爬登电杆或变压器。

（6）不能用非绝缘物包裹导线接头或绝缘破损处。

（7）开启式负荷开关（胶盖闸）、灯头及插座的绝缘护罩、护盖出现脱落或破碎的情况，要及时更换。

（8）严禁在带电设备周围使用钢卷尺、皮卷尺和夹有金属丝的线尺进行测量工作。

（9）移动频繁的电动工具和设备、在潮湿场所用电等要采用 36 伏以下的安全电压，或者装设不大于 6 毫安额定分断电流的漏电保护器。

（10）不要随意操作带电设备，需要进行电气操作或带电搭接电源线或修理电气设备时要穿绝缘鞋，戴绝缘手套。

（11）不懂得安全规程的人员不能抱侥幸心理盲目进行电气作业。

122. 如何正确选用漏电保护器？

（1）不要贪图便宜购置假冒伪劣漏电保护器。

（2）不要损坏或嫌麻烦而人为拆除漏电保护器。

（3）在选购安装漏电保护器时要充分考虑其功能、大小、使用环境等，应选用高灵敏度、快速型并带漏电、过压、过载短路保护功能的保护器。

123. 家庭电气装修中有哪些安全注意事项？

电气装修时，如室内电路布线，开关插座的布置，吊灯、吊扇的安装等，不能只贪图方便，追求美观和节省材料，更要从安全的角度去考虑整个装修，避免埋下事故隐患。

（1）应该请经过考试合格、具有电工证的电工进行电气装修。

（2）所使用的电气材料必须是合格产品，如电线、开关、插座、漏电开关、灯具等等。

（3）在住宅的进线处，一定要加装带有漏电开关的配电箱。有了漏电开关，一旦家中发生漏电现象，如电器外壳带电、人身触电等，漏电开关会跳闸，从而保证人身安全。

（4）屋内布线时，应将插座回路和照明回路分开。插座回路应采用截面不小于2.5平方毫米的单股绝缘铜线，照明回路应用截面不小于1.5平方毫米的单股绝缘铜线。一般可使用塑料护套线。

（5）具体布线时，所采用的塑料护套线或其他绝缘导线不得直接埋设在水泥或石灰粉刷层内。直接埋墙内的导线，抽不出、拔不动，一旦某段线路发生损坏需要调换，只能凿开墙面重新布线。而换线时，中间还不能有接头，随着时间的推移，接头处的绝缘胶布会老化，长期埋在墙内就会造成漏电。另外，大多数家庭的布线不会按图施工，也不会保存准确的布线图纸档案。如果墙内的导线损坏，有人用钉子钉穿了导线，造成相、中线短路，轻者爆断熔丝，重者短路，产生的电火花会灼伤钉钉子的人，甚至引起火灾。如果钉子只钉在相线上，钉子带电，人又站在地上，就很可能发生触电伤亡事故。所以，应该穿管埋设。

（6）插座安装高度一般距离地面高度1.3米，最低不应低于0.15米。插座接线时，对单相二孔插座，面对插座的左孔接工作零线，右孔接相线；对单相三孔插座，面对插座的左孔接工作零线，右孔接相线，上孔接零干线或接地线。严禁上孔与左孔用导线相连。

（7）壁式开关的安装高度一般距离地面高度不低于1.3米，距门框为0.15～0.2米。开关的接线应接在被控制的灯具或电器的相线上。

（8）安装吊扇时，扇叶离地面的高度不应低于2.5米。安装吊灯时，灯具重量在1千克以下时，可利用软导线作自身吊装，但在吊线盒及灯头内的软导线必须打结。灯具重量超过1千克时，应采用吊链、吊钩等，螺栓上端应与建筑物的预埋件卸接，导线不应受力。

（9）定期进行房屋电线的安全检查。根据规定每三年要检查一次，可向当地符合资质的专业人员申请。

（10）避免电线捆绑或被重物压住。这两种情况都可能造成电线部分折断，产生高阻抗，使电线发热，进而造成电线短路甚至失火。

124. 电气设备着火怎么办?

（1）电气设备着火时，应先切断电源，然后再用干粉或气体灭火器或水灭火，不可带电直接泼水灭火，以防触电或者电器爆炸伤人。电视机着火时，应从侧面扑救，以防显像管爆裂伤人。

（2）如果预计自己控制不了火势，立即大声喊人救火。如有条件，可以拨打"119"火警电话求救。

（3）如果火势已经很大，要迅速逃生，不可贪恋财物，以免错过逃生时机。逃生途中，不要携带重物，逃离火场后，不要冒险返回火场。

（4）如果身上起火，不要乱跑，可就地打滚或用厚重衣物压灭火苗。穿过浓烟逃生时，用湿毛巾、手帕等捂住口鼻，尽量使身体贴近地面，弯腰或匍匐前进。

125. 如何处理触电事故？

（1）尽快帮触电者脱离电源。

当发现有人触电，不要惊慌，先尽快切断电源。注意：救护人千万不要用手直接去拉触电的人，防止发生救护人触电事故。应根据现场具体条件，果断采取适当的脱离电源的方法和措施，一般有以下几种方法和措施。

①如果开关或按钮距离触电地点很近，应迅速拉开开关，切断电源；应准备充足照明，以便进行抢救。

②如果开关距离触电地点很远，可用绝缘手钳或用干燥的带木柄的斧、刀、铁锹等把电线切断。

注意：应切断电源侧（即来电侧）的电线，且切断的电线不可触及人体。

③当导线搭在触电者身上或压在身下时，可用干燥的木棒、木板、竹竿或其他带有绝缘柄（手握绝缘柄）工具，迅速将电线挑开。

注意：千万不能使用任何金属棒或湿的东西去挑电线，以免救护人触电。

④如果触电者的衣服是干燥的，而且不是紧缠在身上时，救护人员可站在干燥的木板上，或用干衣服、干围巾等把自己一只手作严格绝缘包裹，然后用这一只手拉触电者的衣服，把他拉离带电体。

注意：千万不要用两只手，不要触及触电者的皮肤，不可拉他的脚，且该办法只适用于低压触电的抢救，绝不能用于高压触电的抢救。

⑤如果人在较高处触电，必须采取保护措施，防止切断电源后触电者从高处摔下。

（2）触电者脱离电源后的处理。

①触电者如神志清醒，应使其就地躺开，严密观察，暂时不要站立或走动。

②触电者如神志不清，应使其就地仰面躺开，确保气道通畅，并每隔 5 秒呼叫触电者或轻拍其肩部，以判断触电者是否丧失意识。禁止以晃动触电者头部的方式呼叫触电者。坚持就地正确抢救，并尽快联系医院进行抢救。

③触电者如意识丧失，应在 10 秒内，通过看、听、试判断伤员呼吸、心跳情况。

看：看触电者的胸部、腹部有无起伏动作。

听：耳贴近触电者的口，听有无呼气声音。

试：试测口鼻有无呼气的气流。再用两手指轻试喉结旁凹陷处的颈动脉有无搏动。

若看、听、试的结果显示触电者既无呼吸又无动脉搏动，可判定呼吸、心跳已停止，应立即用心肺复苏法对触电者进行抢救。

126. 施工现场安全生产有哪些基本要求？

（1）作业中要杜绝"三违"现象，即"违章指挥""违章作业""违反劳动纪律"。

（2）做到"三不伤害"，即"不伤害自己""不伤害他人""不被他人伤害"。

（3）防范"五大伤害"事故，包括高处坠落、坍塌、物体打击、触电、机械伤害。做到一是进入现场必须戴好安全帽，扣好帽带，并正确使用个人劳动防护用品。二是二米以上的高处、悬空作业、无安全设施的，必须戴好安全带、扣好保险钩。三是高处作业时，不往下或向上乱抛材料和工具等物件。四是各种电动机械设备必须有可靠有效的安全接地和防震装置，方能开动使用。

127. 如何预防高空坠落？

高空坠落是由重力势能引起的伤害事故。常见的有（人或物）从脚手架、平台、陡壁等高于地面的位置坠落，也有从地面踏空失足入洞、坑、沟、升降口、漏斗等情况。预防高空坠落，一是做好"三宝""四口""五临边"防护（"三宝"即安全帽、安全带、安全网；"四口"即楼梯口、电梯口、预留洞口和出入口；"五临边"即平台边、阳台边、楼层边、屋面边、基坑及楼梯侧边）。二是施工设施必须牢固，物件必须放稳。三是不违章攀爬，不违章作业，不高空抛物。

128. 建筑施工中如何预防机械伤害？

机械设备与工具使用不当，会引起绞、碾、碰、割、戳、切等伤害，如工件或刀具飞出伤人，切屑伤人，手或身体被卷入机械设备，手或其他部位被刀具碰伤。

预防"机械伤害"的安全措施有：

（1）操作起重机械、物料提升机械、混凝土搅拌机、砂浆机等设备的人员必须经过安全技术培训，持证上岗。

（2）机械在运转中不得进行维修、保养、紧固、调整等作业，施工中应严格按操作规程作业。

129. 如何预防建筑施工中的坍塌事故？

坍塌事故指建筑物、构筑物、堆置物等的倒塌及土石方塌方可能会引起的事故。

预防坍塌事故的安全措施有：

（1）挖掘土方应从上而下施工，禁止采用挖空地脚的操作方法。

（2）挖出的土石要按规定运出或放置，不得随意沿围墙、坑边或临时建筑物堆放。

（3）各种模板支撑必须按设计方案的要求搭设和拆除。严禁随意拆除模板、脚手架的稳固设施。

（4）严格按施工方案和安全技术措施拆除建筑物、构筑物，一般应该自上而下按顺序进行，不能采用推倒办法，当拆除某一部分时应防止其他部分坍塌。

（5）脚手架上、楼板面不能集中堆放物料，防止坍塌。

130. 农村自建房有哪些安全注意事项？

（1）基础应扎实稳重，建设前应勘探，或挖探坑让工程地质人员确认地基的可靠性。天然地基不怕承载力低，就怕不均匀，应按实际情况采取可靠措施，为房子的防灾可靠性和耐久性打下基础。在山区应特别注意防滑坡。

（2）应特别注意墙体整体性，防止在发生地震灾害时倒塌伤人。加强整体性的主要方法是选材、施工方法得当和采取构造措施（如选柱、圈梁、拉结筋等）。

（3）屋顶要轻量化，防止在地震时塌下来伤人。用木架、钢架、轻板顶盖。

（4）有火源的地方，周围要用阻燃材料，防止火势蔓延。

（5）在可能有洪水、泥石流作用的地区造房，应按防洪楼的规格设计，下部有泄洪通道，上部有避难平台。

（6）要有防雷电措施。

131. 农村自建房有哪些要注意的质量事项？

（1）农村房屋一般应按设计使用年限50年（3类）设计，如果计划对结构构件采取易更换措施，也可按25年（2类）考虑。

（2）抗震设防类别可按丙类考虑。做到大震不倒，小震不裂，可修复。

（3）为保证耐久性要求，所用材料性能要足够可靠，如所用砼强度不能低于C20，配筋不能低于受力和构造要求，所用钢材应具有足够的抗拉强度、屈服强度、伸长量，硫磷含量应在允许范围内，不能用伪劣次品。受力砌体的强度等级应符合设计要求，砂浆强度、砌块质量也必须满足要求。

（4）采用钢制预埋件，预埋木砖应做好防腐处理。

（5）木制构件应做好防白蚁处理。

（6）靠近明火、高温环境的构件应作耐火处理。

（7）屋面应尽量用坡顶，平顶应有较大坡度，以保证雨水排除顺畅。

（8）主要构件应便于维修。

132. 消防安全方面，农村自建房要注意什么？

（1）严禁使用彩钢板建筑，严禁在出租房屋内设置公共娱乐场所和库房。

（2）厨房、卫生间、阳台和地下储藏室不得用于人员居住。

（3）室内装修不得使用易燃、可燃材料，出租房屋的内部隔墙应当采用不燃材料并砌筑至楼板底部。

（4）安全出口和疏散通道应当保持畅通，严禁在通道、出口处和管道井内堆放物品；居民自建房内设置的出租屋，安全出口、疏散通道的数量应当符合消防安全要求。

（5）楼高三层及以上的出租房屋，疏散楼梯不得采用木楼梯或者未经防火保护的金属楼梯。

（6）房间的窗户或阳台不得安装金属栅栏、防盗窗，确需设置的，应能从内部易于开启。

（7）严禁在室内或门厅、疏散通道、安全出口、楼梯间等共用空间停放电动车或为电动车和电瓶充电，应在室外或独立区域集中停放和充电。

（8）除厨房外，其他区域不得存放、使用液化石油气罐；高层建筑内的出租屋严禁使用瓶装液化石油气。

（9）电气线路敷设应当采用金属套管、封闭式金属线槽或PVC阻燃套管保护，并配设具备短路、过负荷保护功能的装置，不得使用铜丝、铁丝等代替保险丝，严禁私拉乱接电气线路。

133. 农村自建房出现哪些情况，应撤离人员并进行检测鉴定和加固处理？

（1）高度在5米以上的边坡、挡墙、河堤护坡，与房屋水平距离在2倍高度以上，且已出现明显的裂缝、变形等损伤情况。

（2）房屋倾斜率超过1%，或变形缝两侧结构、相邻房屋之间发生倾斜碰撞挤压。

（3）基础存在的不均匀沉降引发上部结构产生下列裂缝：

①土石房屋：承重墙体单条斜向裂缝宽度大于10毫米，或同一面墙体产生多条斜向裂缝，其中最大裂缝宽度大于5毫米。

②砌体结构：底层承重墙体单条斜向裂缝宽度大于10毫米，或同一面墙体产生多条斜向裂缝，其中最大裂缝宽度大于5毫米。

③混凝土结构：底层混凝土梁产生宽度超过0.4毫米的斜裂缝；底层梁柱节点出现贯通裂缝；底层钢筋混凝土柱、墙出现超过0.4毫米的斜向裂缝；水平裂缝；底层填充墙体出现超

过 10 毫米的斜向裂缝。

（4）地基不稳定而产生滑移，且水平位移量大于 10 毫米，并对上部结构有显著影响或有继续滑动迹象。

134. 砌体房屋出现哪些情况，应撤离人员并进行检测鉴定和加固处理？

（1）砌体墙、砌体柱。

①墙、柱发生倾斜，其倾斜率大于 0.7%；

②墙体出现多条宽度超过 2 毫米、长度超过层高 1/2 的竖向裂缝，或宽度超过 5 毫米、长度超过层高 1/3 的斜向裂缝；

③桁架、主梁支座下的墙、柱的端部或者中部出现沿块材断裂（贯通）的竖向裂缝；

④砖砌过梁中部产生明显的竖向裂缝，或端部产生明显的斜裂缝，或支承过梁的墙体产生水平裂缝，或产生明显的弯曲、下沉变形；

⑤墙、柱块体风化、剥落、砂浆粉化，剩余墙体厚度不足原墙厚度的 75%。

（2）梁、板。

①梁支座部位存在宽度大于 0.4 毫米的斜裂缝，或跨中部位存在下宽上窄、长度向上延伸至梁高的 2/3、宽度超过 0.5 毫米的竖向裂缝；

②板面周边存在裂缝、板底存在交叉裂缝；

③梁存在因主筋锈蚀产生的宽度大于 1.5 毫米的顺筋裂缝，或保护层脱落现象；楼板因钢筋锈蚀导致大面积保护层剥落现象。

（3）构造柱、圈梁。

构造柱与圈梁存在因钢筋锈蚀产生的宽度大于 1.5 毫米的裂缝或混凝土保护层脱落。

（4）悬挑构件。

①悬挑构件存在因钢筋锈蚀产生的宽度大于 1 毫米的顺筋裂缝，或保护层剥落现象；

②悬挑构件端部存在明显下垂，或根部存在上宽下窄的竖向裂缝、斜裂缝。

135. 农村危房排查主要对象是什么？

（1）老楼、危楼。包括建造年代较长、建设标准较低、失修失养严重的居民住宅房屋，尤其是 20 世纪 80 年代、90 年代建造的住宅、旧住宅区建筑。

（2）受灾的房屋。包括曾受暴雨影响、受淹的房屋。

（3）保障性住房。重点排查建档立卡贫困户、分散供养特困户、低保户、贫困残疾人家庭，"四类重点对象"的住房。

（4）公共建筑。包括人员聚集的学校、医院、车站、商场、文体场所、农村礼堂等公共建筑。

（5）群众有投诉反映的房屋。包括群众来信、来访、来电反映的不符合质量安全要求、违规装修的建筑。

136. 农村危房排查的主要内容是什么？

（1）房屋结构有无倾斜、变形、开裂等现象，地基基础、梁、柱、承重墙体、楼盖、屋盖、构造连接支撑、围护结构、电路设备、给排水管道等安全隐患情况。

（2）是否有装饰、装修涉及拆改主体结构或明显加大荷载的情况。

（3）是否属于整体危险的房屋，如属整体危险房屋，人员是否已经撤离。

（4）是否属于有危险点或局部危险的房屋，如属有危险点或局部危险的房屋，是否已经采取有效措施。

（5）房屋原开发建设单位、设计单位、施工单位、监理单位情况，现管理责任制落实单位等情况。

137. 如何安全使用农村取水井？

（1）教育、监督学生、幼儿远离取水井，不要到取水井附近玩耍。

（2）对仍在使用的取水井，要根据实际情况设立安全标识，安装井房、井台、井盖及护栏等必要的防护设施；对已废弃的大口井，一律填埋夯实，恢复地貌；对已废弃不用的取水井，要将地面以下一定深度的井管切割，并用黏土填埋，防止对地下水造成污染；对因地下水水位下降造成暂时无法使用的取水井，要加盖封存。

（3）取水井周边禁止乱拉、乱接电线，机电井使用前要检查是否存在漏电现象，严防触电事故。

（4）新打取水井要按照"谁建设、谁报备；谁使用，谁管理"的原则，及时将取水井信息（包括产权人、使用管理人姓名，取水井位置、成井时间、井径、井深、井管材质、配套水泵型号、量水设施，井台、井盖、井房、防护设施、警示标识等情况）报镇级水利水产服务站备案。

138. 农药中毒有哪些症状表现？

轻度中毒症状表现为全身疲倦无力、头晕、头痛、恶心、食欲不振等；中度中毒症状表现为流涎、胸闷、腹痛、呕吐、出汗、呼吸困难等；重度中毒症状表现为行动不稳、瞳孔缩小、呼吸困难、血压下降、心跳加快、大小便失禁、昏迷等。

139. 常见的剧毒、高毒农药有哪些？

对硫磷（1605）、甲基对硫磷（甲基1605）、甲胺磷、甲拌磷、久效磷、氧化乐果、敌敌畏、涕灭威、灭多威、克百威等容易引起农药中毒，一般情况下不要使用此类农药。

140. 人工喷药时要注意什么？

（1）配药人员要穿好防渗衣并戴上口罩和手套。严禁用手拌药。如包衣种子进行手撒或点种时，必须戴防护手套，以防皮肤吸收中毒，剩余的毒种应销毁，不准用作口粮或饲料。

（2）施药前仔细检查药械开关、接头、喷头，喷药过程中如发生堵塞，绝对禁止用嘴吹吸喷头和滤网。

（3）施药时可采取背风向后退的方式，以减轻与农药的接触。

（4）避免高温下喷农药，尽量选择阴天时段喷药。

（5）喷完药后马上用肥皂水或清水冲洗干净。

（6）盛过农药的包装物品，不准用于盛食品和饲料，要集中处理。

（7）凡体弱多病者，患皮肤病或及其他疾病尚未恢复健康者，哺乳期、孕期、经期的妇女，皮肤损伤未愈者，不得施药。

（8）施药时要戴防毒口罩，穿长袖上衣、长裤和鞋袜，禁止吸烟、喝酒、吃东西，被农药污染的衣服要及时换洗。

（9）施药人员每天施药时间不得超过 6 小时，使用背负式机动药械要两人轮流操作。连续施药 3～5 天后应至少休息一天。

（10）操作人员如有头痛、头昏、恶心、呕吐等症状，应立即离开施药现场，换掉污染的衣服，并漱口，冲洗手、脸和其他暴露部位，及时到医院治疗。

141. 农药中毒后如何急救？

（1）迅速帮助中毒者脱离中毒现场，立即脱去被污染的衣服、鞋帽等。

（2）口服中毒者应尽早催吐及洗胃。用清水或1:5000高锰酸钾溶液（对硫磷中毒时禁用）或2%碳酸氢钠溶液（敌百虫中毒时禁用）洗胃。

（3）用大量生理盐水、清水或肥皂水（敌百虫中毒时禁用）清洗被污染的头发、皮肤等。

（4）眼和外耳道污染时，也可用生理盐水冲洗，冲洗10分钟后滴入1%阿托品1~2滴。

（5）有呼吸困难者应立即吸氧，或用人工呼吸器辅助呼吸，必要时行气管切开术。

（6）联合应用解毒剂和复能剂，包括阿托品、解磷定、酸戊已奎醚注射液（长托宁），它们都是救治有机磷农药中毒的有效药剂。

（7）有脑水肿者应控制解毒剂量，并及时行脱水治疗。

142. 如何预防水果蔬菜农药残留中毒?

（1）选择法。一定不要买来路不明的菜、果，无公害、绿色农产品基地生产的蔬菜、瓜果比较安全。

（2）清水浸泡洗涤法。主要用于叶类蔬菜，比如菠菜、生菜、小白菜等。一般先用清水冲洗掉表面的污物，剔除可以看见污渍的部分，然后用清水漫过蔬菜部分5厘米左右，浸泡15~30分钟，再用清水冲洗2~3遍。

（3）碱水浸泡清洗法。大多数有机磷类杀虫剂在碱性环境下，可以迅速地分解。按 500 毫升清水加入食用碱 5～10 克的比例，结合菜量配制碱水。将初步冲洗后的水果蔬菜置入碱水中，浸泡 5～15 分钟后用清水冲洗水果蔬菜。重复洗涤 3 次左右效果更好。

（4）加热烹饪法。经常用于芹菜、圆白菜、青椒、豆角等。由于氨基甲酸酯类杀虫剂会随着温度升高而加快分解，一般将清洗后的水果蔬菜放置于沸水中 2～5 分钟后立即捞出，用清水清洗 1～2 遍后即可置于锅中烹饪成菜肴。

（5）清洗去皮法。对于带皮的水果蔬菜，可以削去残留农药的外表，食用其肉质部分。

（6）储存保管法。有条件时，应当将某些适合于储存保管的果品购回后存放一段时间（4～5 天）。食用前再清洗并且去皮，效果会更好。

143. 如何预防农药中毒?

（1）在使用农药前，特别是剧毒农药或新品种农药，必须了解使用方法、注意事项及中毒的表现等。

（2）运输农药时，应先检查包装是否完整，发现有渗漏、破裂的，应用规定的材料重新包装后运输。

（3）农药要单独保管，切勿与粮食、蔬菜、水果、工具、化肥等混放在一起。

（4）尽量避免农药沾染皮肤，配药、拌种时必须戴口罩、手套，并用工具搅拌；施药时穿长袖衣、长裤；皮肤上溅到农药时，立即用碱水或肥皂水洗净；施药后要换衣、洗澡、洗净手脚再休息和饮食。施药时不吃东西，不吸烟，不喝茶，不饮酒，不讲话，不用手擦眼揩脸。

（5）施药前仔细检查药械开关、接头、喷头，喷药过程中发生堵塞时，绝对禁止用嘴吹吸喷头和滤网。

（6）每次施药后，剩余药液及器具不可乱倒乱放。平时要加强对喷雾器等设施的维修、保管。

（7）施药人员每天施药时间不得超过 6 小时，使用背负式机动药械要两人轮流操作。连续施药 3～5 天后应至少休息一天。

（8）喷洒剧毒农药更需要特别注意，一定要穿长袖衣及长裤、戴口罩、塑胶手套、防护眼镜。手臂皮肤暴露部位涂些肥皂，形成一层保护膜。施药结束后，工具要用 5% 的草木灰水浸泡 4～5 小时，口罩、衣服也要用肥皂或草木灰水洗净。

（9）一定要掌握最后一次在水果、蔬菜上施药至收获的间隔时间。把农药残留量控制在最低浓度，以保证食用安全。

144. 如何在高温季节用农药？

夏季是病虫草害高发期，也是农药使用最频繁的季节，如不注意用药安全，会造成作物药害、农药残留量超标、环境污染、人畜中毒等事故。因此，夏季用药更要注意安全。

（1）不用高毒高残留农药。优先选用高效、低毒、低残留、环保剂型农药和生物制剂。

（2）用药前仔细检查标签，坚决不用没有标签或标签模糊不清的农药，防止误用造成危害。

（3）用药前注意维护器械，可先用清水清洗、试用喷雾器，防止漏液。这也能防止之前残留下来的农药对农作物的危害。喷施除草剂的喷雾器，要做到专用；注意轮换交替用药，防止病虫产生抗药性。

（4）注意喷药时间，尽可能避开高温时段。夏季喷药应在上午10时前或下午5时后进行。高温时用药，人易中毒，易对农作物产生药害影响其生长，防治效果差。喷药时注意风向，勿顶风喷药，有回旋风时应停止喷药。

（5）注意防护，减少裸露肌肤。配药时要戴橡皮手套和防毒口罩，用专用器具量取，施药时要穿长衣长裤，配戴帽子、口罩、手套等防护用品，施药过程中严禁进食、饮水、吸烟。

（6）合理配药，避免盲目增加用药量，增加农作物药害风险。严格按照农药标签上推荐的用药量配制使用；对颗粒剂、可湿性粉剂等要采用"二次稀释法"配制；不可任意加大使用剂量和施药次数，多种农药混用时要适当减量。

（7）勿疲劳用药。应合理安排喷药时间，若感觉疲劳，要及时清洗休息。老、弱、妇、儿抵抗力差，不宜参加防病治虫工作。

（8）对于刚喷过农药的地块，要设立明显标识，严防在内割草、放牧、挖野菜和采食瓜果；严格遵守安全间隔期规定；农药废弃包装物严禁作为他用，不能乱丢，要集中深埋。

（9）保管好农药，避免老人和小孩接触或误服。

（10）喷药过程中如出现头痛、恶心、呼吸急促、呕吐等中毒症状，应立即停止作业；若中毒情况严重，要立即携带所用农药包装到附近医院就诊。施药过程中，如农药溅入眼睛内或皮肤上，应及时用大量清水冲洗。喷药后及时更换衣裤，清洗手脸及外露皮肤，切记不能使用热水。

145. 如何正确处理假农药、劣质农药和回收的农药废弃物?

根据《农药管理条例》，禁止生产、经营和使用假农药和劣质农药。下列农药为假农药：以非农药冒充农药，或者以此种农药冒充他种农药的；所含有效成分的种类、名称与产品标签或者说明书上注明的农药有效成分的种类、名称不符的。下列农药为劣质农药：不符合农药产品质量标准的；失去使用效能的；混有导致药害等有害成分的。

国家鼓励农药使用者妥善收集农药包装物等；农药生产企业、农药经营者应当回收农药废弃物，防止农药污染环境和农药中毒事故。

假农药、劣质农药和回收的农药废弃物等应当交由具有危险废物经营资质的单位集中处置，处置费用由相应的农药生产企业、农药经营者承担；农药生产企业、农药经营者不明确的，处置费用由所在地县级人民政府财政列支。

146. 发生农药使用事故怎么办?

发生农药使用事故,农药使用者、农药生产企业、农药经营者和其他有关人员应当及时报告当地农业主管部门。

接到报告的农业主管部门应当立即采取措施,防止事故扩大,同时通知有关部门采取相应措施。造成农药中毒事故的,由农业主管部门和公安机关依照职责权限组织调查处理,卫生主管部门应当按照国家有关规定立即对受到伤害的人员组织医疗救治;造成环境污染事故的,由环境保护等有关部门依法组织调查处理;造成储粮药剂使用事故和农作物药害事故的,分别由粮食、农业等部门组织技术鉴定和调查处理。

147. 违规使用农药将受到怎么样的处罚?

农药使用者有下列行为之一的,由县级人民政府农业主管部门责令改正。农药使用者为农产品生产企业、食品和食用农产品仓储企业、专业化病虫害防治服务组织和从事农产品生产的农民专业合作社等单位的,处 5 万元以上 10 万元以下罚款;农药使用者为个人的,处 1 万元以下罚款。构成犯罪的,依法追究刑事责任：

（1）不按照农药的标签标注的使用范围、使用方法和剂量、使用技术要求和注意事项、安全间隔期使用农药。

（2）使用禁用的农药。

（3）将剧毒、高毒农药用于防治卫生害虫，用于蔬菜、水果、茶叶、菌类、中草药材生产或者用于水生植物的病虫害防治。

（4）在饮用水水源保护区内使用农药。

（5）使用农药毒鱼、虾、鸟、兽等。

（6）在饮用水水源保护区、河道内丢弃农药、农药包装物或者清洗施药器械。

使用禁用的农药的，县级人民政府农业主管部门还应当没收禁用的农药。

148. 如何预防兽药中毒？

通过管理部门批准生产的兽药，一般毒性较小，但是过量服用会对人产生轻微或中度中毒，主要表现为药物过敏。应注意将兽药与日常用药分开存放，不能让小孩拿到存放的兽药。当误服兽药后出现口吐白沫、眼睛翻白、手脚麻木抽筋、皮肤斑疹等症状时，应立即送往医院救治，采取洗胃、催吐、镇静、脱敏等措施对症治疗。

149. 为什么要关注农村交通安全？

历年来，在全国各地发生的道路交通事故中，农民受到的伤害最大。在道路交通中，广大农民是弱者，很容易受到强者——机动车的"攻击"而致死、致伤。所以，农民要关注自身生命安全，要有自我保护意识，要自觉遵守道路交通法律、法规、规定，认真学习交通安全常识。

150. 车辆、行人看交通信号通行的注意事项有哪些？

道路交通信号全国统一，有交通信号灯、交通标志、交通标线和交通警察指挥手势。

交通信号灯由红灯、绿灯、黄灯、箭头灯和叉形灯组成，包括机动车信号灯、车道信号灯、非机动车信号灯、人行横道信号灯。

上述信号灯看似复杂，其实只要掌握一条最基本的原则，即"红灯停、绿灯行、黄灯警告要注意"，就能保障自己的生命安全。

151. 为什么不能无牌无照驾驶车辆？

驾驶车辆前，驾驶员应当依法取得符合准驾车型的驾驶证，所驾车辆也应依法取得行驶证。驾驶员应随身携带驾驶证及车辆行驶证，悬挂机动车号牌，遵守道路交通安全法律、法规，按照操作规范安全驾驶、文明驾驶。无证、无牌驾驶，伪造、变造或者使用伪造、变造的机动车号牌、行驶证、驾驶证是严重的违法行为。

152. 为什么不能超员载客？

有些农村驾驶员经常驾驶微型面包车载亲朋好友出行。但其实，微型面包车车身结构强度不足，制动性能和侧倾稳定性差，若超员行驶，会影响车辆的安全性能。加之农村地区道路狭窄，陡坡、急弯较多，容易发生侧翻、刹车失灵等问题，严重时会造成群死群伤的恶性交通事故。

153. 为什么驾乘车辆要系好安全带？

驾乘车辆不系安全带是很危险的行为。车辆发生碰撞、紧急刹车或侧翻时，安全带能将驾乘人员固定在座椅上，有效减少事故伤害，关键时刻还能挽救生命。据科学统计，使用安全带可使驾驶人和前座乘客遭受伤害的风险降低40%～50%，使后排乘客的致命伤害风险降低25%～75%。安全带是生命带，驾乘车辆时一定要系好安全带。

154. 货运车辆为什么不能超载？

货运车辆超载，会导致轮胎因负荷过重而变形甚至爆裂，还容易使车辆转向困难、刹车失灵，进而导致交通事故。

155. 为什么严禁酒后驾驶？

酒后驾车是严重的违法行为。饮酒会导致驾驶人触觉能力、判断能力和操作能力降低，引起视觉障碍和身体疲劳。轻者，与道路上的其他车辆和人员发生刮碰，重者，危及他人和自身的生命财产安全。尤其是摩托车，稳定性差，驾驶人饮酒后可能会出现中枢神经麻痹、视力下降、注意力不集中、身体平衡感减弱等症状，极易引发交通事故，造成车毁人亡的悲剧。因此，要切记饮酒不驾车、驾车不饮酒！

156. 在街道或者马路上行走时应注意什么?

（1）安全横过马路。横过马路要走斑马线、人行天桥或过街隧道等，要注意观察道路来往车辆情况，不要在两车接近时突然加速或中途折返。否则，极易发生交通事故。

（2）不要在公路两侧晒粮食或摆摊。这样既阻塞交通，又容易伤及自身。

（3）不在路边纳凉。农村道路路面较窄，在道路边乘凉，会占去部分路面，使路面变窄，影响道路通行。同时，农村道路灯光条件较差，驾驶人视线不良，容易出现视觉盲区，导致事故发生。

（4）骑自行车时，不要一手扶把，一手提物。骑自行车时应双手扶把靠路边行驶，千万不要一手扶把、一手提物，以免因方向失控摔倒或驶入道路中央与机动车发生碰撞。

（5）不要让儿童在路边玩耍。儿童在道路边玩耍、嬉戏打闹、坐卧停留，不仅会产生交通安全隐患，也会对自身生命安全构成严重威胁。家长一定要看管好自己的小孩，教育孩子不在道路或铁路边玩耍，不独自穿行铁路道口，不向快速驶来的汽车或火车投掷石子，防止误伤乘客或石子反弹伤及自身。

（6）教育小孩上学路上不要随意穿行。随意横穿机动车道，极易被机动车碰撞、剐擦，对自身安全造成重大威胁。家长一定要多叮嘱孩子遵守交通规则，让孩子走斑马线横穿马路，左右观察，确定没有车辆时再穿行。

（7）要自觉遵守道路交通安全法律、法规，服从交通指挥，维护交通秩序，确保交通安全。

（8）走路走路边，安全让为先。一米范围是规范。横过公路左右望，确认安全再通过，直线通行最安全。

（9）骑自行车、三轮车拐弯前，一伸手示意，二要瞭望，确认安全后再转弯。

157. 农村安全乘车要注意什么？

（1）拒乘有安全隐患的车，包括坐超员车、超载车及无牌无证车，拒乘事故隐患车。

（2）不要携带易燃、易爆等危险物品乘车。

（3）不乘坐货车、拖拉机、人货混装车辆出行。

（4）乘坐陌生人的车辆，应先记下车牌号，发给家人，并保持手机畅通。

158. 乘船有哪些安全事项?

（1）不乘坐冒险航行的船舶。为了保证航运安全，凡符合安全要求的船只，有关管理部门都会给其发放安全合格证书。外出旅行，不要乘坐无证船只。

（2）不乘坐客船、客渡船以外的船舶，不乘坐人货混装的船舶。

（3）船舶浮于水面，靠的是水的浮力，其受载有一定的限度，如果超过了限度，船就会有沉没的危险。所以，乘船时一定注意不要坐超载船只。

（4）乘船时要注意安全，不要把危险物品、禁运物品带上船。

（5）上船后要留心通往甲板的最近通道和摆放救生设备的位置。船上的许多设备，直接关乎船舶的安全行驶，特别是一些救生消防设备，它们的存放有一定的规范，不能随意挪动。

（6）上下船要按次序排队，不得拥挤、争抢，以免造成挤伤、落水等事故。

（7）天气恶劣时，如遇大风、大浪、浓雾等，应尽量避免乘船。

（8）不在船头、甲板等地打闹、追逐，以防落水。不挤在船的一侧，以防船体倾斜，发生事故。

（9）夜间航行，不要用手电筒向水面、岸边乱照，以免引起误会或使驾驶员产生错觉而发生危险。

（10）遇到紧急情况，要保持镇静，听从船上工作人员的指挥，不要自作主张跳船。

159. 翻船后如何自救？

（1）遇到风浪袭击时，不要慌乱，要保持镇静，不要站起来或倾向船的一侧，要在船舱内分散坐好，使船保持平衡。若水进入船内，要全力以赴将水排出去。

（2）如果发生翻船事故，不要慌乱，因为木制船只一般是不会下沉的。人被抛入水中，应该立即抓住船舷并设法爬到翻扣的船底上。在离岸边较远时，最好的办法是等待求助。

（3）玻璃纤维增强塑料制成的船翻了以后会下沉。但船翻后，有时因船舱中有大量空气，能使船漂浮在水面上。这时不要再将船翻过来，要尽量使其保持平衡，避免空气跑掉，并设法抓住翻扣的船只，等待救助。

（4）海上遇到事故需弃船避难时，要对浮舟进行检查，清点好带到浮舟上去的备用品，将火柴、打火机、指南针、手表等装入塑料袋中，避免被海水打湿。根据一般原则，在最初24小时内应该避免喝水、吃饭，培养自己节食的耐力。长期在海上随风漂流时，容易生水疱、患皮炎和眼球炎等。此刻，不要将水疱弄破，应在消毒后待其自然干燥。对于皮炎和眼球炎，要避免阳光直射。坐在浮舟上时间过长，会感到不舒服，所以坐久时要活动手脚，放松手臂和肩膀的关节、腿部的肌肉。同时，应注意保暖，不要被海水打湿身体。

160. 如何使用救生衣?

（1）两手穿进去，将救生衣披在肩上。

（2）将胸部的带子扎紧。

（3）将腰部的带子绕一圈后再扎紧。

（4）将领子上的带子系在脖子上。

161. 水上遇险时如何快速自制简易救生衣?

在水中漂浮时，如果没有现成的浮袋或救生衣，应该利用穿在身上的衣服做浮袋或救生衣。可以使用的有：大帽子、塑料包袱皮、雨衣、衬衣、化纤或棉麻的带筒袖的上衣等，甚至可以将高筒靴倒过来使用。但应注意不要将衣服全部脱掉，以保持正常的体温。具体方法为：要在踩水的状态下，用皮带、领带或手帕将衣服的两个手腕部分或裤子的裤脚部分紧紧扎住，然后将衣服从后往前猛地一甩，使其充气。为了不让空气漏掉，用手抓住衣服下部，或者用腿夹住，然后将它连接在皮带上，使它朝上漂浮。如果用裤子做浮袋，将身子卧在浮袋上，采用蛙泳是比较省力的；如果穿着裙子，不要脱下来，要使裙子下摆漂到水面上，并尽力使其内侧充气。

162. 不会游泳者落水后如何自救？

遇到这种情况时，下沉前拼命吸一口气是极其重要的，也是生存的关键。往下沉时，要保持镇静，紧闭嘴唇、咬紧牙齿憋住气，不要在水中拼命挣扎，应仰起头，使身体倾斜，保持这种姿态，就可以慢慢浮上水面。浮上水面后，不要将手举出水面，要放在水面下划水，使头部保持在水面以上，以便呼吸空气。如有可能，应脱掉鞋子和重衣服，寻找漂浮物并牢牢抓住。这时，应向岸边的行人呼救，并自行有规律地划水，慢慢向岸边游动。

163. 乘坐火车时如何配合安全检查？

旅客应当接受并配合铁路运输企业在车站、列车实施的安全检查，不得违法携带、夹带匕首、弹簧刀及其他管制刀具，或者违法携带、托运烟花、爆竹、枪支弹药等危险品、违禁物

品。旅客进站乘车、出站应当接受铁路工作人员的引导。旅客
或托运人无正当理由拒绝检查，在火车站，安检人员可以拒绝
其进站或运输；在列车上，则由列车工作人员通知乘警依法检
查。因拒绝检查而影响运输的，由旅客或托运人负责。对怀疑
为危险物品，但受客观条件限制又无法认定其性质的，旅客或
托运人又不能提供该物品性质和可以经旅客列车运输的检测证
明时，可以不予运输。

164. 铁路托运货物、行李、包裹有哪些禁止事项?

（1）匿报、谎报货物品名、性质。

（2）在普通货物中夹带危险货物，或者在危险货物中夹带
禁止配装的货物。

（3）匿报、谎报货物重量或者装车、装箱超过规定重量。

（4）其他危及铁路运输安全的行为。

165. 在站内、列车内寻衅滋事、扰乱公共秩序有什么严重后果?

对违反国家法律、法规，在站内、列车内寻衅滋事、扰乱

公共秩序的人员，站、车均可拒绝其上车或责令其下车；情节严重的送交公安部门处理；对未使用至到站的票价不予退还，并在票背面做相应的标记，运输合同即行终止。

166. 乘火车时限量携带的物品有哪些？

（1）气体打火机5个，安全火柴20小盒；

（2）不超过20毫升的指甲油、去光剂、染发剂，不超过100毫升的酒精、冷烫精，不超过600毫升的摩丝、发胶、卫生杀虫剂、空气清新剂；

（3）军人、武警、公安人员、民兵、猎人凭法规规定的持枪证明佩带的枪支子弹。

167. 高速铁路严禁哪些行为？

（1）严禁在铁路上行走、坐卧或跨越铁路线。

（2）严禁在铁路上置放障碍物。

（3）严禁击打列车。

（4）严禁拆盗、损毁或移动铁路设施、设备、安全标识。

（5）严禁在电气化铁路实施的行为：爬乘火车头；在电力

支柱上搭挂衣物、攀登支柱或在支柱旁休息；在铁路边放风筝，在铁路两边挂广告、宣传布条；在铁路上跨桥或建筑物上玩耍、逗留、向下倒水和乱扔杂物；从铁路上空私拉电线、缆索；行人高举超长物品，汽车超高装载通过铁路道口等。以上行为均有可能触电伤人、引发火灾、损毁铁路电气设备。

168. 农村居民住宅如何安全用电?

（1）合理安装配电盘。要将配电盘安装在室外安全的地方，配电盘下切勿堆放柴草和衣物等易燃、可燃物品，防止保险丝熔化后炽热的熔珠掉落引燃物品。要根据家庭最大用电量选用保险丝，不可随意更换粗保险丝或用铜丝、铁丝、铝丝代替。有条件的家庭宜安装合格的空气开关或漏电保护装置，当用电量超负荷或发生人员触电等事故时可以及时运作并切断电流。

（2）正确使用电源线。家用电源线的主线至少应选用截面4平方毫米以上的铜芯线、铝皮线或塑料护套线，在干燥的屋子里可以采用一般绝缘导线，而在潮湿的屋子里则要采用有保护层的绝缘导线，对经常移动的电气设备要采用质量好的软线。应及时更换老化严重的电线。

（3）合理地布置电线。合理、规范布线，既美观又安全，能有效防止短路等现象的发生。如果明敷电线，为防止绝缘层受损，可以选用质量好一点的电线或采用阻燃 PVC 塑料管保护；通过可燃装饰物表面的电线要穿轻质阻燃套；有吊顶的房间中，吊顶内的电线应采用金属管或阻燃 PVC 塑料管保护。对于需要穿过墙壁的电线，为了防止绝缘层破损，应将硬塑料管砌于墙内，两端出口伸出墙面约 1 厘米。

（4）正确使用家用电器。必须认真阅读电器使用说明书，留心其注意事项和维护保养要求。对于空调、微波炉、电热水器和烘烤箱等家用电器一般不要频繁开关机，使用完毕后不仅要本身开关关闭，还应将电源插头拔下，有条件的最好安装单独的空气开关。一些电容器耐压值不够的家用电器，因发热或受潮，或许会发生电容器被击穿而烧毁的现象，如果发现温度异常，应断电检查，排除故障，并在线路中增设稳压装置。

（5）做好防火灭火工作。人离家或睡觉时，要检查电器是否断电。有条件的家庭非常有必要购置一个 2 千克以上的小灭火器，家里还应准备手电、绳子、毛巾等必备的防火逃生工具。一旦发生电器火灾，不要惊慌，要及时拉闸断电，并大声向四邻呼救，拨打火警电话 119。同时，用水、湿棉被或平时预备的灭火器迅速灭火。如果火势太大，要适时避险，千万不要恋财，生命是最重要的，应立即逃离火场。

169. 厨房用电有哪些注意事项？

（1）湿手不得接触电器和电器装置，否则易触电，电灯最好使用拉线开关。

（2）电源保险丝不可用铜丝代替。铜丝熔点高，不易熔断，起不到保护电路的作用，应选用适宜的保险丝。

（3）灯头应使用螺口式，并加装安全罩。

（4）电饭煲、电炒锅、电磁炉等可移动的电器，用完后除关掉开关，还应把插头拔下，以防开关失灵。长时间通电会损坏电器，甚至造成火灾。

（5）一般家庭在正常情况下不宜使用电炉，如要用电炉应有专用线路。家用照明电路不可接用电炉，因为这样电炉电热丝容易和受热器接触而直接或间接造成触电事故。

170. 日光灯会否引起火灾？

尽管日光灯的灯管温度不高，可实际上由日光灯引起的火灾也时有发生，这是何故呢？问题不在灯管，而是由日光灯的镇流器引起的。

不同规格的日光灯对电压和电流的要求不一样，因此都要配装一只镇流器，用来降低电压和限制电流。镇流器由漆包线圈和硅钢片组成，结构像一个小型变压器，所不同的是它只有一组线圈。镇流器在通电时要消耗一部分电能，并将电能转化为热能。所以，镇流器通电后，线圈和硅钢片都要发热，质量较差的就更易发热，若温度过高，会损坏绝缘，形成短路，以致引燃附近的可燃物。

因此，要选择质量好的镇流器，在安装时不能将镇流器直接装在可燃材料上，并注意与可燃物保持一定的距离。在日常生活中还要注意防潮防湿和注意通风，最好不要频繁地开关日光灯。

171. 冬季取暖要注意什么?

使用炉火取暖时应注意:火炉的烟囱要远离电线、可燃顶棚、木墙壁和木门窗等易燃、可燃物体;炉体周围应该有不燃材质的炉档;炉火周围不要放废纸、刨花等易燃物;清除炉灰、清倒炉渣时不要往可燃物品里乱倒,最好有个固定的安全地方,在刮风天倒炉灰时更应该注意加强防火;在烘烤衣物、被褥时,要留心看管烘烤物品,防止烘烤时间过长引起火灾;在生火时千万不要用汽油、柴油、酒精等,以免引发火灾。

使用电热毯取暖应注意:一是购买正规厂家的电热毯,在购买中要把好质量关。二是在使用时,电热毯应平铺在床单或者薄的褥子下面,绝不能折叠起来使用。大多数电热毯通电 30分钟后温度就会上升到 38℃左右,这时应该将调温开关拨到低温档或者关掉电源。三是不能将电热毯铺在有尖锐突起的物体上使用。湿了的或脏的电热毯不能用手揉搓,否则会损伤电热线的绝缘层或者折断电热线,应该用软毛刷蘸水洗刷,晾干后才能使用。

172. 火灾初期如何灭火?

除了拨打"119"火警电话,说明路线、门牌号,派人在路口等待消防车外，家庭可采用以下灭火方法：一是扑灭火苗要就地取材，用毛毯、棉被罩住火焰，然后将火扑灭。也可及时用面盆、水桶等接水灭火，或利用楼层内的灭火器材及时扑灭大火。二是个别物品着火，要赶快把着火物搬到室外灭火。三是家用电器着火，要先切断电源，然后用毛毯、棉被覆盖窒息灭火，如仍未熄灭，再用水浇。四是煤气、液化气灶着火，要先关闭阀门，用围裙、衣物、棉被等浸水后捂盖，再往上浇水扑灭。五是将着火处附近的可燃物及液化气罐及时疏散到安全的地方。

173. 厨房消防安全要注意什么，油锅着火怎么办？

（1）烹饪时宜穿短袖或合宜的长袖，避免烟火延烧衣物。

（2）烹煮食物时，勿随意离开，离开前须将烟火关闭。

（3）不要让小孩进入厨房玩耍。

（4）油锅着火，不能泼水灭火，应关闭炉灶燃气阀门，直接盖上锅盖或用湿抹布覆盖，还可向锅内放入切好的蔬菜冷却灭火。

174. 日常家庭摆设有哪些安全注意事项？

（1）有小孩的家庭不宜在孩子活动的场所放置落地灯、落地扇之类的一碰就倒的电器。将此类电器放置在沙发后面或其他孩子不易接触到的地方，则较为安全。

（2）烟灰缸最好是瓷的或搪瓷的，里面放少许水。普通玻璃的烟灰缸在受热时，容易碎裂，不宜用于家庭。

（3）家用电器应当同暖气设备、煤气设备分隔。因为大多数家用电器都是怕热的，高温的环境会使电气线路绝缘层遭到破坏。

（4）阳台上应尽量少放东西。一方面，超过承重能力，将有倒塌的危险；另一方面，在阳台上放置可燃物品，楼上若有人吸烟、乱扔烟头，还有引起火灾的风险。

（5）不要将酒柜作为电视机的支架。因为大多数白酒属于易燃流体，而且酒气挥发易引起电器故障。

（6）燃气热水器与淋浴喷头，不要放置在同一个房间，否则通风不良，燃气热水器将会产生一氧化碳，使人中毒。

（7）铺设地毯、壁纸最好选用阻燃型的，以增强防火能力，有利于家庭安全。

（8）楼道、楼梯间应经常保持畅通，不要堆放杂物，尤其不要摆放可燃性物品。

175. 家庭装修如何防火？

（1）尽量避免在装修中大面积使用木质材料。

（2）尽量多采用防火的材料。如顶棚可选取石膏板、石棉板等防火、阻燃、质轻、防潮的材料。

（3）装修公司的电工操作时必须严格按照规范，户主必须注意督查。同时，电线及与之配套使用的插座、开关等应选用经检测合格的产品，千万不要图便宜随意买来使用。

（4）装修时保持施工现场通风；可燃易燃材料与着火源保持距离；电气线路应能满足日常最大用电负荷。

176. 燃放烟花爆竹如何防火？

（1）购买烟花爆竹时，应在具有烟花爆竹经营（零售）许可证的正规零售点购买，不要到无证摊点、流动商贩处购买。

（2）应选购药量相对较少的烟花爆竹，不要购买具有伤害性的礼花弹等大型烟花爆竹；应选购外观整洁，无霉变，完整无变形，无漏药、浮药的产品；应选购标识完整、清晰的产品，即有正规厂名、厂址，有警示语，有中文燃放说明等。如果是家庭存放烟花爆竹，存放时间应尽可能短，数量尽可能少，并注意不要靠近火源。

（3）燃放之前应认真阅读烟花爆竹上标注的注意事项，按照说明书小心燃放。所有的烟花爆竹产品都应在室外燃放。酒后不要燃放烟花爆竹。

（4）燃放烟花爆竹时，应远离法规规定的禁放区域，不要在不具备安全条件的场所燃放，如棚户区、楼梯口、小弄堂、加油站、变电站、高压线、燃气调压站和草场山林附近等。在农村地区燃放烟花爆竹，应远离工厂、仓库、农贸市场、易燃屋区、粮囤、柴垛等易燃易爆场所，燃放后应仔细检查，发现余火残片、碎纸应及时清理。严禁用烟花爆竹玩打"火仗"的游戏，以免伤人。

（5）儿童燃放爆竹时应该由大人带领，不要随意捡一时没响的爆竹。

（6）燃放时，应将烟花爆竹放在地面上，或者挂在长杆上，不要拿在手里。

（7）点燃后，若没有炸响，在未确认不存在安全问题以前，不要急于上前查看。

（8）燃放烟花爆竹，不要横放、斜放，也不要燃放"钻天猴"之类的升空高、射程远、难以控制的品种。

177. 家中如何安全存放烟花爆竹？

一般不主张在家中存放烟花爆竹。不得已要放在家中时，必须远离火种或取暖器等发热的地方。离家时把门窗关好，防止飞来火种引起家中火灾；把阳台、平台及建筑物等地方的可燃物清理掉，预防可燃物引燃后殃及家中；要把外墙处的可燃遮阳布、空调保护布收起来，以防火星引燃；要封堵外墙上的孔洞，防止火星飞入室内引起火灾。

178. 吸烟不慎会引起火灾吗?

　　烟蒂头的表面温度为 200℃ ～ 300℃，中心温度可达 700℃ ～ 800℃。多数可燃物质的燃点低于烟蒂头的表面温度，如纸张燃点为 130℃，布匹燃点为 200℃，蜡烛燃点为 190℃，赛璐珞燃点为 100℃，樟脑燃点为 70℃，橡胶燃点为 120℃，黄磷燃点为 34℃。所以一旦将烟蒂头扔在燃点低于烟蒂头表面温度的可燃物上，就极易引起火灾事故。

179. 吸烟的防火安全注意事项有哪些?

（1）严禁在禁火区内吸烟。

（2）禁止在维修汽车和用汽油等清洗机器零件时吸烟。

（3）不要躺在床上、沙发上吸烟；卧床老人和病人吸烟，应有人照顾。

（4）吸烟时，如临时有其他事情，应将烟头熄灭后再离开。

（5）划过的火柴梗、剩下的烟头，一定要弄灭。未熄灭的火柴梗、烟头要放进烟灰缸，不可用纸卷、火柴盒等充当烟灰缸，不可将火柴梗、烟头扔进废纸篓、垃圾道，更不可随处乱扔。

180. 点蚊香要注意什么?

（1）点燃的蚊香要放在远离窗帘、蚊帐、床单、衣服等可燃物的地面上。将点燃的蚊香放在窗台等较高的物体上，被大风吹动，蚊香可能会跌落，假如落到可燃物上就会起火。

（2）点蚊香时，一定要把蚊香固定在专用的铁架上，切忌把点燃的蚊香放在可燃物上。蚊香是以除虫菊等药用植物为原料，经过研磨、调配加工而成的，具有很强的引燃能力，点燃后虽然没有火焰，但能持续燃烧。蚊香燃烧时，温度可达700℃左右。这种温度大大超过木材、纸张与棉、麻、化纤织物等可燃物的燃点。如果将点燃的蚊香放在上述可燃物上，就会引起燃烧。

（3）在工作的地方，如果人员要离开，一定要把蚊香熄灭，以免留下后患。

181. 农村晚上停电时如何防火？

（1）要尽可能用应急照明灯照明。

（2）要及时切断处于使用状态的电器电源，即关闭电源开关或拔掉插头。

（3）要使用有玻璃罩的油灯。

（4）严禁将油灯用以灭蚊或放在堆放杂草的地方及床上。

（5）点燃的蜡烛不要靠近蚊帐、门帘及其他可燃物，要放置在不易碰到的地方，固定在烛台上或不燃烧体如瓷盘上，不得放置在电视机壳、木质家具等可燃物上；要有人看管，做到人离开或睡觉时将火熄灭；不要拿蜡烛在床底下、柜橱内及其他狭小地方找东西。

（6）严禁用汽油代替煤油或柴油做燃料。

182. 儿童日常消防安全要注意哪些事项？

日常生活中，要引导儿童正确使用火、电、气。

火，指的是一切明火，比如炉火、点燃的蜡烛、烟头等。家长或监护人要从小教育孩子不要玩火。火柴、打火机、蜡烛等引火物，不要放在孩子能拿到的地方。大人上班或外出时不要将孩子单独留在家里，更不应该将之锁在屋内，应委托邻居看管孩子，避免小孩在家玩火成灾。另外，还应教育小孩不要在屋内、易燃物附近、公共娱乐场所、仓库、学校等地方燃放鞭炮烟花，也不能对准居民阳台窗口等部位燃放，以免火花飞溅引起火灾。

用电方面，要教育孩子不要在家中无人的情况下使用音响、电脑、电视机、充电器等，更不能带电拆卸、修理家用电器。其次，大人在使用电熨斗、电吹风、电炉、电热毯、电烙铁等电器用具时千万不能离开，避免孩子在好奇心理的驱使下触动这些电器，引起触电或火灾事故。最后，教育孩子不宜用灯泡或取暖器烘烤衣物，以免引起火灾。

气，主要指家中使用的燃气。这里需要特别提醒的是不要叫不懂事的孩子做饭，避免油锅烫伤或炉火烤着可燃物造成火灾。

183. 家庭如何制定防火应急预案？

（1）要事先为家里的房间预留安全出口，例如门、窗、天窗、阳台等。每间卧室至少有两个出口，即除了门，窗户也能作为紧急出口使用。

（2）平时要让家庭成员，尤其是儿童了解门锁结构和开窗户的方法。要让儿童知道，在危急关头，可以用椅子或其他坚硬的东西砸碎窗户的玻璃。另外，门窗应该安装成容易开关的。

（3）可以绘一张住宅平面图，用特殊标记标明所有的门窗，标明每一条逃生路线，注明每一条路线上可能遇到的障碍。画出住宅的外部特征，标明逃生后家庭成员的集合地点。

（4）让家庭成员牢记下列逃生规则：一是睡觉时把卧室门关好，这样可以抵御热浪和浓烟的侵入。假如必须从一个房间跑到另外一个房间方能逃生，到另一房间后应随手关门。二是在开门之前先摸一下门，如果门已发热或者有烟从门缝进来，切不可开门，应准备第二条逃生路线。即使门不热，也只能慢慢打开少许并迅速通过，并随手关门。三是假如出口通道被浓烟堵住，没有其他路线可走，可贴近地面，匍匐前进通过浓烟区。四是不要为穿衣服和取贵重物品而浪费时间。五是一旦到达家庭集合地点，要马上清点人数。同时，不要让任何人重返屋内，救人的工作最好由专业消防人员去做。

（5）住宅平面图和逃生规则要贴在家中显眼的地方，使所有家庭成员都能经常看到，同时，至少每半年进行一次家庭消防演习。

184. 如何快速准确报火警?

（1）报警时拨打"119"并说明着火单位所在街道门牌号。

（2）要说明是什么东西着火和火势大小，以便消防部门调出相应的消防车辆。

（3）说清楚报警人的姓名和使用的电话号码。

（4）要注意听接线员的询问，正确简洁地回答，待对方明确说明可以挂断电话时，方可挂断电话。

（5）报警后要到路口等候消防车，指示去火场的道路。

185. 如何正确使用灭火器？

（1）使用手提式干粉灭火器时，应手提灭火器的提把，迅速赶到着火处。

（2）在距离起火点5米左右处，放下灭火器。在室外使用时，应占据上风方向。

（3）使用前，先把灭火器上下颠倒几次，使筒内干粉松动。

（4）如使用的是内装式或贮压式干粉灭火器，应先拔下保险销，一只手握住喷嘴，另一只手用力压下压把，干粉便会从喷嘴喷射出。

（5）如使用的是外置式干粉灭火器，则一只手握住喷嘴，另一只手提起提环，握住提柄，干粉便会从喷嘴喷射出来。

（6）用干粉灭火器扑救流散液体火灾时，应从火焰侧面，对准火焰根部喷射，由近而远，左右扫射，快速推进，直至把火焰全部扑灭。

（7）用干粉灭火器扑救容器内可燃液体火灾时，亦应从火焰侧面对准火焰根部，左右扫射。当火焰被赶出容器时，应迅速向前，将余火全部扑灭。灭火时应注意不要把喷嘴直接对火源。

186. 如遇火灾如何逃生自救?

（1）扑灭小火，惠及他人。当发生火灾时，如果发现火势并不大，且尚未对人造成很大威胁，周围有足够的消防器材，如灭火器、消防栓等，应奋力将小火控制、扑灭；千万不要惊慌失措地乱叫乱蹿，置小火于不顾而酿成大灾。

（2）保持镇静，明辨方向，迅速撤离。突遇火灾，面对浓烟和烈火，首先要强令自己保持镇静，迅速判断危险地点和安全地点，决定逃生的办法，尽快撤离险地。千万不要盲目地跟从人流，相互拥挤、乱冲乱蹿。撤离时要注意，朝明亮处或外面空旷地方跑，要尽量往楼层下面跑，若通道已被烟火封阻，则应背向烟火方向离开，通过阳台、气窗、天台等往室外逃生。

（3）不入险地，不贪财物。在火场中，人的生命是最重要的。身处险境时应尽快撤离，不要因害羞或贪恋财物，而把宝贵的逃生时间浪费在穿衣或寻找、搬离贵重物品上。已经逃离险境的人员，切莫重返险地。

（4）做好简易防护措施，蒙鼻匍匐。逃生时经过充满烟雾的地方，要防止烟雾中毒、窒息。为了防止火场浓烟呛入，可用毛巾、口罩蒙鼻，匍匐撤离。烟气较空气轻而飘于上部，贴近地面撤离是避免吸入烟气、滤去毒气的最佳方法。穿过烟火封锁区，应佩戴防毒面具、头盔、阻燃隔热服等护具。如果没有这些护具，那么可向头部、身上浇冷水或用湿毛巾、湿棉被、湿毯子等将头、身裹好，再冲出去。

（5）善用通道，莫入电梯。按规范标准设计建造的建筑物，都会有两条以上逃生楼梯、通道或安全出口。发生火灾时，要根据情况选择进入相对安全的楼梯通道。除可以利用楼梯外，还可以利用建筑物的阳台、窗台、天面屋顶等攀到周围的安全地点。沿着落水管、避雷线等建筑凸出物滑下楼也可脱险。电梯随时会因断电或受热而变形，使人被困在电梯内，同时由于电梯井犹如贯通的烟囱般直通各楼层，有毒的烟雾会直接威胁被困人员的生命，因此千万不要乘电梯逃生。

（6）缓降逃生，滑绳自救。高层、多层公共建筑内一般都设有高空缓降器或救生绳，人员可以通过这些设施安全地离开危险的楼层。如果没有这些专门设施，而安全通道又已被堵，救援人员不能及时赶到的情况下，可以迅速利用身边的绳索或床单、窗帘、衣服等自制简易救生绳，并用水打湿，从窗台或阳台沿绳缓滑到下面楼层或地面。

（7）创造避难场所，固守待援。假如用手摸房门已感到烫手，此时一旦开门，火焰与浓烟势必迎面扑来。在逃生通道被切断且短时间内无人救援的情况下，可采取创造避难场所、固守待援的办法。应关紧迎火的门窗，打开背火的门窗，用湿毛巾或湿布塞堵门缝，或用水浸湿棉被蒙上门窗，然后不停用水淋透房间，防止烟火渗入，然后固守在房内，直到救援人员到达。

（8）缓晃轻抛，寻求援助。被烟火围困暂时无法逃离的人员，应尽量待在阳台、窗口等易于被人发现和能避免烟火近身的地方。在白天，可以向窗外晃动鲜艳衣物，或外抛轻型晃眼的东西；在晚上，可以用手电筒不停地在窗口闪动或者敲击东西，及时发出有效的求救信号，引起救援者的注意。消防人员进入室内都是沿墙壁摸索行进的，所以在被烟气呛到失去自救能力时，应努力爬到墙边或门边，便于消防人员寻找、营救。此外，待在到墙边也可防止房屋结构塌落砸伤自己。

（9）火已及身，切勿惊跑。火场上的人如果发现身上着了火，千万不可惊跑或用手拍打。因为奔跑或拍打时会形成风势，促旺火势。当身上衣服着火时，应赶紧设法脱掉衣服或就地打滚，压灭火苗；能及时跳进水中或让人向身上浇水、喷灭火剂会更有效。

（10）跳楼有术，虽损求生。身处火灾烟气中的人，精神上往往接近崩溃，惊慌的心理极易导致不顾一切的伤害性行为，如跳楼逃生。注意，只有消防队员准备好救生气垫并指挥跳楼时，或楼层不高（一般4层以下），非跳楼即烧死的情况下，才采取跳楼的方法。即使已没有任何退路，若生命还未受到严重威胁，也要冷静地等待消防人员的救援。跳楼也要讲技巧，应尽量往救生气垫中部跳或选择有水池、软雨篷、草地等方向跳；如有可能，要尽量抱些棉被、沙发垫等松软物品或打开大雨伞跳下，以减缓冲击力。如果徒手跳楼，一定要扒窗台或阳台使身体自然下垂跳下，以尽量降低垂直距离，落地前要双手抱紧头部，身体弯曲蜷成一团，以减少伤害。跳楼虽可求生，但会对身体造成一定的伤害，所以要慎之又慎。

187. 如何预防汽车自燃?

引发汽车自燃的诱因有很多,最主要也最常见的有两种:一种是车辆线路或油路老化,另一种是车主疏忽保养、私自改装、车上留存易燃易爆物品等人为因素。

(1)做好车辆日常检查。车主应勤于对车辆进行日常的检查和保养,一定要检查汽车线路是否有破损、是否有漏油现象,定期检查电路油路;发动机运转时,不往化油器口倒汽油;保养汽油滤清器时不用汽油烧滤油器芯子。同时,注意避免车内油路系统,滴漏。夏季要避免汽车停驶后长时间打开点火开关,高温季节应避免车辆过长时间运转,保证每运转2~3个小时就要稍作停顿。在改装、加装设备时,一定要找正规厂家,或者杜绝改装、加装。

(2)汽车必须备有灭火器。灭火器是随车必备的装置,车主应在平时就学会灭火器的正确使用方法。如果车辆配备的是干粉灭火器,最好每年去当地消防器材商店检查一次。车内不留危险物品,日常生活中的打火机、香水、空气清新剂及碳酸饮料等也是构成汽车火灾的危险品。这些物品如果放在车内,车辆经过暴晒后可能导致上述物品发生爆炸。因此,在锁车之前应检查车厢,不要留下这些危险物品。

188. 公共场所着火如何脱险？

（1）进入影剧院、商场等人员密集的公共场所，要观察安全出口、紧急疏散通道、太平门的位置，了解紧急救生路线。

（2）烟火起，莫惊慌，辨明方向，认准安全出口、紧急疏散通道、太平门、避难间的准确位置，选好逃离现场的路线，顺利脱险。

（3）沿着疏散通道往外走，千万不要拥挤、盲从，更不要来回跑。

（4）不要往舞台上跑，因为舞台没有安全出口，而且围墙很高。

（5）如果烟雾太大或突然断电，应沿着墙壁摸索前进，不要往座位下、角落或柜台下乱钻。

189. 森林火险分几级，如何应对？

根据《广东省气象灾害预警信号发布规定》，森林火险预警信号分三级，分别以黄色、橙色、红色表示。

（1）森林火险黄色预警信号。

图标：

含义：较高火险，森林火险气象等级为三级，林内可燃物较易燃烧，森林火灾较易发生。

防御指引：

①进入森林防火防御状态，有关单位应当加强森林防火宣传教育，普及用火安全指引。

②加强巡山护林和野外用火的监管工作。

③进入森林防火区，注意防火；森林防火区用火要做好防范措施，勿留火种。

④充分做好扑火救灾准备工作。

（2）森林火险橙色预警信号。

图标：

含义：高火险，森林火险气象等级为四级，林内可燃物容易燃烧，森林火灾容易发生，火势蔓延速度快。

防御指引：

①进入森林防火临战状态，有关单位应当进一步加强森林防火宣传教育。

②加大巡山护林和野外用火的监管力度。

③加强检查，禁止携带火种进山，严格管制野外火源。

④充分做好扑火救灾准备工作。

（3）森林火险红色预警信号。

图标：

含义：极高火险，森林火险气象等级为五级，林内可燃物极易燃烧，森林火灾极易发生，火势蔓延速度极快。

防御指引：

①进入紧急防火状态，有关单位加强值班调度，密切注意林火信息动态。

②进一步加强巡山护林，落实各项防范措施，及时消除森林火灾隐患。

③严格检查，禁止携带火种进山，严格管制野外火源。

④政府可以发布命令，禁止一切野外用火，严格管理可能引发森林火灾的居民生活用火。

⑤做好扑火救灾充分准备工作，森林消防队伍要严阵以待。

⑦发生森林火灾时要及时、科学、安全扑救，确保人民群众生命财产安全。

190. 森林防火期如何管理野外火源？

每年的九月至翌年的四月为广东省防火期。在森林防火期内，山林内严禁下列野外用火：

①烧田基草；

②烧灰积肥；

③烧山赶野兽、烧黄蜂、焗蛇鼠、持火把照石蛤等；

④烧火取暖、烧烤食物；

⑤夜间持火把照明走路；

⑥燃放爆竹、烟花、放孔明灯；

⑦使用火铳枪械狩猎；

⑧乱丢烟头火种；

⑨神坛祖庙烧香烛、纸钱；

⑩其他非生产性用火。

191. 扑救森林火灾的基本方法是什么？

（1）人工扑打。人工扑打是扑灭地面火常用的方法，也是经济而有效的方法。其做法是：把 3～4 个扑火队员编成一组，用鲜树枝或手持灭火工具不停地轮流打火线，直到控制蔓延为止。

（2）用水灭火。水是最廉价的灭火剂，能够扑灭地下火、地表火、树冠火。特别是林场火，未清理的采伐迹地和植物茂密、腐殖质层厚的原始林区，一定要用水灭火。

（3）用土灭火。用泥沙覆盖燃烧物质，减少氧气供应量，甚至隔绝氧气，破坏燃烧条件，这是比较古老的灭火方法。在森林消防中，扑灭伐桩、倒木火，在没有水的情况下，用此法比较省事和有效。方法是用锄、锹等工具就近挖松泥土，掀土投向火焰，直到火灭或完全覆盖燃烧物质。

（4）用气灭火。在实践中，人们逐步认识到，当风速大于每秒 15 米，风即能起到灭火作用。人们根据这一原理发明了风力灭火机。一台风力灭火机配备机手 2 人，一人背机，一人背油，轮流操作。

192. 如何避免扑救森林火灾时发生安全事故？

（1）扑救森林火灾不得动员残疾人员、孕妇和儿童。

（2）扑火队员必须接受扑火安全培训。

（3）遵守火场纪律，服从统一指挥和调度，严禁单独行动。

（4）时刻保持通信联系。

（5）扑火队员需配备必要的装备，如头盔、防火服、防火手套、防火靴和扑火机具。

（6）密切注意观察火场天气变化，尤其要注意午后的天气情况，因为午后是森林火灾伤亡事故的高发生时段。

（7）密切注意观察火场可燃物种类及易燃程度，避免进入易燃区。

（8）注意火场地形条件。扑火队员不可进入三面环山处、鞍状山谷、狭窄草塘沟、窄谷、向阳山坡等地段直接扑打火头。

（9）扑救林火时应事先选择好避火安全区和撤退路线，以防不测。一旦陷入危险，要保持清醒，积极自救。

（10）扑火队员体力消耗极大，要适时休整，保持体力。

193. 身陷火场如何自救？

（1）点火解围。在无河流、小溪、道路为依托时，在时间允许的情况下，选择在比较平坦的地方，一边点顺风火，一边打两侧的火，一边跟着火头方向前进，进入到点火自救产生的火烧迹地内避火，并用手扒出地下湿土，紧贴湿土呼吸或用湿手巾捂住鼻，防止一氧化碳中毒。

（2）强行顶风冲越火线。切忌顺风跑，要选择已经过火或杂草稀疏、地势平坦的地段，用衣服蒙住头部，快速逆风冲越火线，进入火烧迹地即可安全脱险。

（3）卧倒避烟（火）。在来不及点火解围，就近有河流（河沟）、无植被或植被稀少的迎风平坦地段时，用水浸湿衣服蒙住头部，两手放在胸部，卧倒避烟（火）。卧倒避烟（火）时，为防止烟雾呛昏窒息，要用湿毛巾捂住口鼻，并扒个土坑，紧贴湿土呼吸，可避免烟害。

（4）快速转移。发现大火袭来，人力无法控制时，只要时间允许，迅速转移到安全地带，可避免发生人员伤亡。

194. 护林防火有哪"五不准"?

护林防火是一项群众性、社会性、长期性的工作，关系到千家万户，涉及每一个人。发生森林火灾，除气候因素外，主要是由于野外用火制度不严格、火源管理不善、群众法制观念淡薄所造成。

护林防火"五不准"是指，在森林防火期内，严禁以下行为：

①不准在山边和山坳田烧荒、烧杂、烧灰、烧田埂、烧稻草；

②不准在山上乱丢烟头和火柴梗；

③不准炼山和入山烧木炭；

④入山祭墓、烧纸、放鞭炮要确保安全，余火未灭不准离开；

⑤不准在林区点火。

如果不遵守"五不准"，违反用火规定，引起火灾，必须严加处理，严重的要追究领导责任。

第十三章

校园安全常识

195. 学生上下楼梯有哪些安全注意事项？

（1）上下楼梯时一律靠右行，不得超过楼梯上的红线。

（2）上下楼梯时，不得滑楼梯扶手，不得勾肩搭背、推推搡搡、追逐打闹，不得并排齐步走。

（3）在集体上下楼梯时，个人不得擅自停下来做其他的事（如系鞋带、拾东西等），防止造成楼道阻塞或踩踏事故。

（4）若自己不幸被人群拥倒，要设法靠近墙角，身体蜷成球状，双手在颈后紧扣以保护身体最脆弱的部位。

196. 学校集会要注意哪些安全事项？

（1）学校集会、做操应由学校专人负责、统一指挥，保证集会、做操的纪律。

（2）学校集会、做操应以班为单位，上下楼时不要拥挤，不催促学生，要有教师负责疏散管理，进出会场要有序，严防挤压事故的发生。

（3）学校集会、做操应以班为单位，指定、安排座位或站队，由班主任负责带队，防止学生乱窜，避免意外事故的发生。

（4）学校组织学生开展军训活动以及社会实践活动，应事先考察军训及社会实践场地，制定周密的实施方案，并与承办部门负责人共同商定细节。

（5）军训的强度应根据学生的年龄、身体状况而定，对患有不适合军训活动疾病的学生应进行劝阻，避免意外。

（6）学校领导及安全领导小组必须对集会、早操、军训、社会实践活动实行全过程监控，以防意外事故发生。

197. 如何预防和应对校园暴力？

（1）告诉孩子遇到校园暴力，一定要沉着冷静。采取迂回战术，尽可能拖延时间。

（2）必要时，向路人呼救求助，或采用异常动作引起周围人注意。

（3）人身安全永远是第一位的，不要去激怒对方。

（4）顺从对方的话去说，从其言语中找出可插入话题，缓解气氛，分散对方注意力，同时获取信任，为自己争取时间。

（5）家长教育孩子上学、放学尽可能结伴而行。

（6）家长给孩子的穿戴用品尽量低调，不要过于招摇。

（7）在学校不主动与同学发生冲突，一旦发生冲突应及时找老师解决。

（8）上学、放学、独自出去找同学玩时，不要走僻静、人少的地方，要走大路。不要等到天黑再回家，放学后不要在路上贪玩，要按时回家。

（9）学校定期开展心理、思想道德课程教育，适当组织同学间的协作活动，加强团队互助意识。

198. 如何让暴力远离校园？

（1）学校要切实肩负起教育管理的责任，采取有效措施防范校园暴力。

（2）经常对学生进行自我保护及相关法律知识教育。

（3）加强学生心理知识教育和心理技能训练，提高学生处世能力。

（4）家长要承担起预防校园暴力的责任。

（5）教育孩子远离暴力游戏、暴力性动画片及电视剧，不要沉迷于网络。

（6）给予孩子更多家庭关爱，注重与孩子的沟通交流。对于单亲家庭的孩子，应付出更多关爱，避免孩子自卑、形成孤僻性格。

（7）平日教育孩子时，不要采用打骂等极端行为。否则会对孩子心理造成负面影响。

（8）对孩子爱之有道，不要一味地满足其要求。适当进行挫折教育，培养孩子坚强品格。

199. 学生在上学或放学路上有哪些安全注意事项？

（1）不坐非法营运车辆。

（2）遵守交通规则。

（3）专心走路，不东张西望、不看书看报、不聊天。注意观察路面情况，路边有车辆时要注意避让。

（4）不在公路上嬉戏打闹、狂奔猛跑。

（5）注意来往车辆，要主动避让车辆，不与车辆抢行。

（6）在马路上不多人并行，马路对面若有人打招呼，不要贸然横穿马路。

（7）不追、爬、吊、拦机动车辆，不向车辆抛石子等。

（8）雾天、雨天、雪天走路最好穿上颜色鲜艳的衣服，撑颜色鲜艳的伞。

200. 上学或放学路上被人索要财物怎么办？

（1）保持心理稳定，不惊慌，同时头脑清醒，思考相应对策，切忌显得十分恐惧。

（2）要及时观察四周情况，发现行人很多，或有自己熟悉的人等，可高声喊叫，向人求助。

（3）如果面对的劫持者人数少，甚至只有一个人，且没带凶器时，可以应付周旋，乘劫持者不备予以打击，并伺机跑掉或高喊"警察来了"等，趁劫持者愣神之机突然跑开，并迅速向附近群众求助。

（4）如果是同学或认识的其他在校学生向自己要钱要物，不能要啥给啥、不敢声张，这反而会助长这些人的气焰；要坚决拒绝，并言明要报告老师、学校及公安机关。

（5）假如要钱要物者人数很多，与自己素不相识，又带有凶器时，一般先不要跑，以免受伤害，可将随身携带的少量钱财、物品交给劫持者。

（6）无论上述何种情况，都应记住劫持者的人数、相貌、衣着、体态、口音以及逃走方向，及时报告附近的公安机关，并报告老师、学校和家长。

201. 上学或放学道路受阻怎么办？

（1）遇到洪水冲刷，道路坍塌，或者道路被拦腰切断并有急流通过的情况，只能在安全的地方"暂时避难"，绝对不能强行通过。

（2）当山区道路由于山体滑坡堆积阻塞时，应绕道上山，由滑坡面的上部通过比较安全。

（3）当洪水冲断桥涵，河流水急、桥面不再坍塌时，也不能冒险强行通过，否则会有生命危险。

（4）遇到高压线铁塔倾倒，电线横垂路面时，一是要远离，防止触电；二是要报告有关部门，及时抢修。此刻，绝不能心存侥幸通过。

202. 校外集体活动有哪些安全注意事项?

（1）组织学生参加集体校外活动，一定要事先经学校负责人研究上报批准，做好周密计划，严格组织，并由学校负责人或教师带队。

（2）活动中使用的交通工具，必须符合安全要求，不得超员运载，不得乘坐没有驾驶执照的人员驾驶的车、船，不得乘坐无牌无证的交通工具。

（3）校外集体活动的场所、建筑物和各项设施必须坚固安全，出入口道路畅通，场内消防设备齐全有效，放置得当。

（4）到游览区和游乐场所活动，一定要注意其合理容量。

203. 如何防止发生踩踏事故?

（1）不在楼梯或狭窄通道嬉戏打闹。

（2）人多时不拥挤，不起哄，不制造紧张或恐慌气氛。

（3）避免到拥挤的人群中。

（4）拥挤人群走来时要及时避开，不慌乱、不奔跑，避免摔倒。

（5）顺人流走，否则，易被人流推倒。

（6）若陷入人流中，需站稳，保证重心平衡；抓住坚固的东西慢慢走动或站稳，待人群过后再离开。

（7）若被挤倒，设法靠墙角，身体蜷成球状，双手紧扣在颈后，以保护身体最脆弱的部位；不慎倒地时，双膝尽量前屈，护住胸腔和腹腔重要脏器，侧躺在地。在拥挤人群中，左手握拳，右手握住左手手腕，双肘撑开平放胸前，形成一定空间保证呼吸。

（8）人群走动时，尽量抓住扶手，防止摔倒。

（9）人群骚动时，注意脚下，千万不能被绊倒。

（10）当发现前面有人摔倒，要马上停下脚步，同时大声呼救，告知后面的人不要向前靠近，及时分流拥挤人流，组织有序疏散。

第十四章

食品安全常识

204. 常见的食物中毒有哪些类型?

（1）化学性食物中毒。化学性食物中毒最常见的情况是在家里或工业企业中，由于粗心大意，农药、煤油、洗涤剂和杀菌剂从容器中溢出或漏泄浸入食物。因此，这些化学物品必须贮存在远离食物的地方。

（2）细菌性食物中毒。食物被细菌污染，而该食物又存放不好，致使污染细菌得以生长和繁殖，产生毒素。细菌性食物中毒是食物中毒中最常见的一种，有明显的季节性，多发生于气候炎热的季节，一般为5~10月份。

（3）感染性食物中毒。这类食物中毒是由活细菌引起的，这种细菌在食物上生长繁殖，而不在细菌细胞外产生毒素，这种细菌细胞内有一种有毒物质，就是这种毒物造成了食物中毒。这类毒物被称为内毒素，内毒素不能从细菌细胞内释出，当人吃下这种被细菌污染的食物，细菌在消化道内积存，到了有足够数量的细菌死去并释放刺激肠胃的毒素时，人就会出现中毒症状。

（4）有毒植物性食物中毒。有毒植物中毒，一是由于误食有毒植物或食入因加工不当而未除去有毒成分的某些植物引起的食物中毒，季节性、地区性比较明显，发病率比较高，病死率因有毒植物种类不同而异。也有的植物原本无害，但在贮存过程中发生变化，产生了有毒物质，如土豆，在贮存中发芽，会产生大量有毒的龙葵素。

（5）有毒动物性食物中毒。一般指食入某些有毒动物或动物的有毒脏器而引起的食物中毒，发病率和病死率因动物种类不同而有所差异，有一定的地区性。如河豚引起的中毒，河豚鱼肉味美，但内脏有剧毒，吃了可能会中毒致死；猪肉血脖处理不净，甲状腺未剔除，吃了也会中毒。

（6）真菌及其毒素性食物中毒。一般指食用某些真菌毒素污染的食物而引起的食物中毒。真菌毒素污染食物有两种情况：一是谷物在生长、收获、贮存过程中受真菌污染，真菌在谷物中繁殖并产生毒素；另一种是食物在制作、贮存过程中受到真菌及毒素的污染。真菌食物中毒呈季节性，因真菌繁殖、产毒的最适宜温度不同而异，有一定的地区性。发病率、病死率因真菌种类不同而有所差别。

205. 常见的食物中毒有哪些症状？

虽然食物中毒的原因不同，症状各异，但一般都具有如下流行病学和临床特征：

（1）病人临床表现相似，且多以急性胃肠道症状为主，包括恶心、呕吐、腹痛、腹泻等症状。

（2）食物中毒还可能导致过敏型症状，主要表现为皮肤潮红，以面部、颈胸部明显，呈酒醉样面容，伴头痛，偶可出现荨麻疹样皮疹，伴瘙痒。

206. 如何预防细菌性食物中毒?

预防细菌性食物中毒,主要应从以下三方面着手:首先是防止食品受到细菌污染,其次是控制细菌生长繁殖,最后,也是最重要的是杀灭病原菌。具体的措施包括:

(1)防止食品受到细菌污染。

①保持清洁。保持砧板、刀具、操作台等清洁。保持厨房地面、墙壁、天花板等食品加工环境的清洁。避免老鼠、蟑螂等有害动物进入库房、厨房。保持手的清洁,不仅在操作前要洗手,在加工食物期间也要经常洗手。

②生熟分开。生熟食品的容器、工具要严格分开摆放和使用。从事粗加工或接触生食品后,应洗手消毒后才能从事凉菜切配。

③使用洁净的水和安全的食品原料,选择来源正规、优质新鲜的食品原料,并结合原料特点彻底清洗。

(2)控制细菌生长繁殖。

①控制温度。菜肴烹饪后至食用前的时间预计超过2小时的,应使其在5℃以下或60℃以上的环境中存放。鲜肉、禽类、鱼类和乳品冷藏温度应低于5℃。冷冻食品不宜在室温条件下进行解冻,保证安全的做法是5℃以下温度解冻,或在21℃以下的流动水中解冻。

②控制时间。不要过早加工食品,食品制作完成到食用的

间隔时间最好控制在 2 小时以内。熟食不宜隔餐供应，熟食烧煮成品后，再行切开的，应在 4 小时内食用。生食海产品加工好至食用的间隔时间不应超过 1 小时。冰箱中的生鲜原料、半成品等，储存时间不要太长，使用时应注意先进先出。

③烧熟煮透。烹调食品时，必须使食品中心温度超过 70℃。在 10℃~60℃ 条件下存放超过 2 小时的菜肴，食用前要彻底加热至中心温度达到 70℃ 以上。已变质的食品可能含有耐热（加热也不能破坏）的细菌毒素，不得再加热食用。冷冻食品原料宜彻底解冻后再加热，避免产生外熟内生的现象。

④严格清洗消毒。生鱼片、现榨果汁、水果拼盘等不经加热处理的直接入口食品，应在清洗的基础上，对食品外表面、工具等进行严格的消毒。餐具、熟食品容器要彻底洗净消毒后使用。接触直接入口食品的工具、盛器、双手要经常清洗消毒。

207. 如何预防"瘦肉精"中毒？

中毒原因：食用了含有"瘦肉精"的猪肉、猪内脏等。

主要症状：一般在食用后 30 分钟至 2 小时内发病，症状为心跳加快、肌肉震颤、头晕、恶心、脸色潮红等。

预防方法：选择信誉良好的供应商，如果发现猪肉肉色较深、内质鲜艳，后臀肌肉饱满突出，脂肪非常薄，这种猪肉则可能含有"瘦肉精"，应避免购买食用。

208. 如何预防有机磷农药中毒?

中毒原因:食用了残留有机磷农药的蔬菜、水果等。

主要症状:一般在食用后 2 小时内发病,症状为头痛、头晕、腹痛、恶心、呕吐、流涎、多汗、视力模糊等,严重者瞳孔缩小、呼吸困难、昏迷,直至呼吸衰竭而死亡。

预防办法:选择信誉良好的供应商购买蔬菜、水果,蔬菜粗加工时用蔬果洗洁精溶液浸泡 30 分钟后再冲净,烹调前再经烫泡 1 分钟,可有效去除蔬菜表面的大部分农药。

209. 如何预防亚硝酸盐中毒?

中毒原因:误将亚硝酸盐当作食盐或味精加入食物中,或食用了刚腌制不久的食品。

主要症状:一般在食用后 1~3 小时内发病,主要表现为口唇、舌尖、指尖青紫等缺氧症状,自觉症状有头晕、乏力、心跳加快、呼吸急促,严重者会出现昏迷、大小便失禁,最严重的可因呼吸衰竭而导致死亡。

预防办法:如自制肴肉、腌腊肉,严格按每千克肉品 0.15 克亚硝酸盐的量使用,并应与肉品充分混匀。亚硝酸盐要明显标识，加锁存放。不使用来历不明的"盐"或"味精"；尽量少食用泡腌菜等腌制菜。

210. 如何预防桐油中毒？

中毒原因：误将桐油当作食用油使用。

主要症状：一般在食用后 30 分钟至 4 小时内发病，症状为恶心、呕吐、腹泻、精神倦怠、烦躁、头痛、头晕，严重者可能会意识模糊、呼吸困难或惊厥，进而引起昏迷和休克。

预防办法：桐油具有特殊的气味，应在采购、使用前闻味辨别。

211. 如何预防河豚中毒？

中毒原因：误食河豚或河豚加工处理不当。

主要症状：一般在食用后数分钟至 3 小时内发病，症状为腹部不适、口唇和指端麻木、四肢乏力继而麻痹，甚至瘫痪、血压下降、昏迷，最后因呼吸麻痹而死亡。

预防办法：不食用任何品种的河豚（巴鱼）或河豚鱼干制品。国家禁止在餐饮服务单位加工制作河豚。

212. 如何预防高组胺鱼类中毒？

中毒原因：食用了不新鲜的高组胺鱼类（如鲐鱼、秋刀鱼、金枪鱼等青皮红肉鱼）。

主要症状：一般在食用后数分钟至数小时内发病，症状为面部、胸部及全身皮肤潮红，眼结膜充血，并伴有头疼、头晕、心跳呼吸加快等，皮肤可出现斑疹或荨麻疹。

预防方法：采购新鲜的鱼，如发现鱼眼变红、色泽黯淡、鱼体无弹性时，不要购买；鱼类要保持低温冷藏；烹调时放醋，可以使鱼体内的组胺含量下降。

213. 如何预防豆荚类中毒？

中毒原因：四季豆、扁豆、刀豆、豇豆等豆荚类食品未烧熟煮透，其中的皂素、红细胞凝集素等有毒物质未被彻底破坏。

主要症状：一般在食用后 1～5 小时内发病，症状为恶心、呕吐、腹痛、腹泻、头晕、出冷汗等。

预防方法：烹调时先将豆荚类食品放入开水中烫煮 10 分钟以上再炒熟。

214. 如何预防豆浆中毒？

中毒原因：豆浆未经彻底煮沸，其中的皂素、抗胰蛋白酶等有毒物质未被彻底破坏。

主要症状：在食用后 30 分钟至 1 小时内，可能会出现胃部不适、恶心、呕吐、腹胀、腹泻、头晕、乏力等中毒症状。

预防方法：生豆浆烧煮时将上涌泡沫除净，煮沸后再以文火维持沸腾 5 分钟左右。

215. 如何预防发芽马铃薯中毒？

中毒原因：马铃薯中含有一种对人体有害的被称为"龙葵素"的生物碱。一般的马铃薯中含量极微，但发芽马铃薯的芽眼、芽根和变绿、溃烂的地方，龙葵素含量很高。人吃了大量的发芽马铃薯后，会出现龙葵素中毒症状。

主要症状：轻者恶心呕吐、腹痛腹泻，重者可出现脱水、血压下降、呼吸困难、昏迷抽搐等现象，严重者还可因心肺麻痹而死亡。

预防方法：如发芽不严重，可将芽眼彻底挖除干净，并削去发绿部分，然后放在冷水里浸泡 1 小时左右，龙葵素便会溶解在水中。炒马铃薯时再加点醋，烧熟煮烂也可除去毒素。

216. 如何预防毒蘑菇中毒？

中毒原因：毒蘑菇在自然界到处都有，从外观上很难与无毒蘑菇分别开来，毒蘑菇一旦被误食，就会引起中毒，甚至引起死亡。

主要症状：由于毒蘑菇的种类很多，所含毒素的种类也不一样，因此中毒表现多种多样，主要表现为四种类型。胃肠炎型大多在食用10多分钟至2小时内发病，出现恶心呕吐、腹痛腹泻等症状，单纯由胃肠毒引起的中毒，通常病程短，预后较好，死亡率较低。神经精神型多出现精神兴奋或错乱，或精神抑制及幻觉等表现。溶血型除了胃肠道症状外，在中毒一两天内出现黄疸、血红蛋白尿。肝损害型由于毒蘑菇的毒性大，会出现肝脏肿大、黄疸、肝功能异常等表现。

预防方法：切勿采摘、进食野生蘑菇，也不要购买来源不明的蘑菇。

217. 集体聚餐如何预防食物中毒？

（1）在家中举办宴席时，应保证具有与供应饭菜的品种、数量相适应的加工场地，保证易腐食品原料和熟食品能够在冷藏条件下储存。不能当餐用完的，应及时冷藏，隔餐和隔夜的熟食品必须彻底加热后再食用。生食的蔬菜和水果在食用前要充分浸泡、洗净，最好去皮后再食用。承办宴席的厨师要掌握必要的食品安全知识和食品操作要求。

（2）外出就餐时，要选择有餐饮服务许可证、环境整洁、信誉度高的餐饮单位就餐。消费者可以查看餐饮单位经营场所设置的监督公示牌，"大笑"表示食品安全状况良好，"微笑"表示食品安全状况一般，"平脸"表示食品安全状况较差。不要选择在路边露天无证摊点用餐。

（3）聚餐时注意个人卫生，养成餐前洗手的习惯。注意餐具卫生，就餐前要观察餐具是否经过消毒处理。经过清洗消毒的餐具具有光、洁、干、涩的特点，未经清洗消毒的餐具往往有茶渍、油污及食物残渣等。聚餐时应配置足够的公用筷或勺，尽量避免用个人使用的餐具夹取食物。

218. 进食火锅要注意什么？

（1）火锅底火务必要旺，以保持锅内汤汁滚沸为佳。火锅料若未煮熟即吃，病菌和寄生虫卵未被彻底杀死，易引发疾病。

（2）贝类应选择鲜活的，要洗擦干净贝类的外壳，浸养在清水中至少半天以上，待其自行清滤出体内的污物。死的贝类含大量致病微生物，不能食用。

（3）生熟食物要分开盛放，处理生食和熟食的刀具、餐具要区别开，避免在桌上摆放过多食物，防止交叉污染。

（4）每次添水或汤汁后，应待锅内汤汁再次煮沸后方可继续煮食。

（5）口腔、食道和胃黏膜通常只能耐受 50℃～60℃ 的温度，太烫的食物，就会损伤黏膜，引发急性食道炎和急性胃炎。因此，从锅中取出的涮食时，最好先放在小碟晾凉。

（6）吃火锅不要冷热搭配，冷饮和热食交互食用，容易使肠胃道受损。患有高血压等心血管疾病者，则要注意热汤和酒类，这些饮品容易让身体温暖，但人一接触到冷空气后，血管易急速收缩，而且喝酒一段时间后身体温度反而会降低。

（7）不要喝或尽量少喝火锅汤。火锅汤进入肠胃消化分解后，经肝脏代谢生成尿酸，过多的尿酸沉积在血液和组织中，易引发痛风病。吃火锅时应多饮水，以利于尿酸的排出。

（8）注意均衡饮食，不宜过量进食胆固醇含量较高的动物内脏。

（9）用明火烹煮火锅时，会产生大量二氧化碳，要确保空气流通。若用炭炉烧火锅，一定要打开窗户，让空气流通，否则室内缺氧，木炭燃烧不透时，会产生大量的一氧化碳，容易使人中毒。

219. 发生食物中毒要采取什么应急措施?

（1）立即停止食用可疑食品，喝大量洁净水以稀释毒素，用筷子或手指向喉咙深处刺激咽后壁、舌根进行催吐，并及时就医。用塑料袋留好呕吐物或大便，带去医院检查，有助于诊断。

（2）出现抽搐、痉挛症状时，马上将病人移至周围没有危险物品的地方，并取来筷子，用手帕缠好塞入病人口中，以防止咬破舌头。

（3）症状无缓解迹象，甚至出现失水明显、四肢寒冷、腹痛腹泻加重、面色苍白、大汗、意识模糊、说胡话或抽搐，以至休克等症状，应立即送医院救治。

（4）要了解中毒原因、中毒人数、引起中毒的食物、病人症状等情况，了解与病人一同进餐的人有无异常，并将相关情况告知医生和一同进餐者。

（5）收集各种化验样品，如吃剩下的有毒食物、病人吐泻物、食具等。

（6）及时向当地疾病预防控制机构或卫生监督机构报告。

（7）防止疫情蔓延，找出中毒食物和原因后要立即采取相应措施。

220. 发生酒精中毒怎么办？

酒精中毒是由酒精过量进入人体引起的中毒。酒精主要损害人体中枢神经系统，使神经系统功能紊乱和抑制，严重中毒者可导致呼吸循环中枢抑制和麻痹而死亡。中毒多为饮酒过量造成。

如果发现有人酒精中毒，首先要制止他继续饮酒；其次，可用筷子、勺子等刺激饮酒者咽喉，引起呕吐反应，将含有酒精的胃内容物尽快呕吐出来（已经昏睡者勿用）。严重的酒精中毒会出现昏睡、休克、呼吸微弱等症状，应送医治疗。病人应该多喝温开水或者是淡盐水、蜂蜜水等，这样可以降低血液中的酒精浓度，并且加快排尿，使得酒精迅速排出体外。醉意较浓的，可取白糖5克加食醋30毫升，待白糖溶解后，一次饮服。当醉酒者不省人事时，可取两条毛巾，浸上冷水，分别敷在后脑和胸口上，并间断用冷开水灌入其口中，可使醉酒者逐渐醒过来。不宜用咖啡、牛奶戒酒。

第十五章

公共卫生常识

乡村防灾减灾百问百答

?

221. 如何预防登革热?

登革热是登革热病毒引起、伊蚊传播的一种急性传染病。临床特征为起病急骤，高热，全身肌肉、骨髓及关节痛，极度疲乏，部分患可有皮疹、出血倾向和淋巴结肿大。

登革热主要通过白纹伊蚊（花斑蚊）叮咬传播，这种蚊子主要在清洁小积水中产卵繁殖。因此，通过填平洼地、翻盆倒罐、填堵树洞等方式清除蚊虫孳生地（家居和外环境积水）是登革热防控的关键措施。

（1）消灭蚊虫滋生场所：填平洼地、翻盆、倒罐、填堵竹洞和树洞，消除一切形式的小积水。

（2）水缸加盖，每隔3~5天换水及彻底刷洗一次，室内外可用药物喷洒杀虫，或在水缸中放3~5条吞食蚊虫的鱼类。

（3）花瓶、盆景等水生植物每3~5天换水一次，并冲洗根部。不露天堆放废轮胎，以防积水。

（4）对难以清除的非饮用水容器积水，可投洒消毒液或缓释杀虫剂，或在水中放3~5条吞食蚊虫的鱼类等。

（5）加强个人防护。避免"花斑蚊"出没频繁时段在树荫、草丛、凉亭等户外阴暗处逗留。家里装纱窗、使用蚊帐，室内可点燃蚊香。

（6）到登革热流行区旅游或生活，应穿着长衣长裤，并在外露的皮肤及衣服上涂蚊虫驱避药物。

（7）一旦发现有感染患者，要及时隔离，防止人与人之间的传染以及通过蚊虫媒介传播。非常时期尽量避免去人多的地方，如有必要可以戴上口罩。

（8）及早诊治，及早报告。如果你半个月之内到过登革热流行地区，而回来后有发热、皮疹等症状，要及时到正规医院就诊，并告知医生自己的旅行史。登革热患者要隔离在有防蚊设施的病房内，隔离时间不应少于 5 天。

222. 什么是手足口病?

手足口病是一种常见多发传染病，以婴幼儿发病为主，多种肠道病毒都能引起手足口病，EV71 病毒是其中的一种。一般全年均有发生，5~7 月为高发期。

手足口病一般症状较轻，大多数患者发病时，往往先出现发烧症状，手掌心、脚掌心出现斑丘疹和疱疹（疹子周围可发红），口腔黏膜出现疱疹或溃疡，疼痛明显。部分患者可伴有咳嗽、流涕、食欲不振、恶心、呕吐和头疼等症状。少数患者病情较重，可并发脑炎、脑膜炎、心肌炎、肺炎等，如不及时治疗可危及生命。

223. 家庭怎么预防手足口病？

预防手足口病的关键是注意家庭及周围环境卫生，讲究个人卫生。饭前便后、外出后要用肥皂或洗手液洗手；不喝生水，不吃生冷的食物；居室要经常通风；要勤晒衣被。流行期间不带孩子到人群密集、空气流通差的公共场所，要避免接触患病儿童。

流行期可每天晨起检查孩子皮肤（主要是手心、脚心）和口腔有没有异常，注意孩子体温的变化。

224. 如何预防流感？

（1）注意个人卫生习惯，勤洗手，特别是饭前便后，触摸眼睛、鼻或口腔后，外出回家后；尽量用洗手液或肥皂、流动水洗手。

（2）保持环境清洁和通风，尽量减少到人员密集、空气污浊的场所。

（3）应尽量避免接触呼吸道感染患者，不得不接触时须做好个人防护措施，如佩戴口罩。家里有人感染流感，建议尽可能隔离，减少其与孩子接触。

（4）根据气温变化为孩子增减衣物，小孩要平衡膳食、加强锻炼、保证睡眠，增强体质和免疫力。

（5）接种流感疫苗是最好的预防方法，除特殊情况（年龄小于6个月，对鸡蛋过敏或有其他不适合接种的疾病等），建议在流感季节来临前，在医务工作者指导下为孩子接种疫苗。

225. 如何预防夏季肠道传染病？

（1）注意饮食卫生，不喝生水，不吃变质及苍蝇叮爬过的食物，不暴饮暴食，尤其注意不要生食或半生食海产品、水产品。食物要彻底煮熟、煮透。剩余食品、隔餐食品要彻底加热后再食用。外出旅游、出差、工作要挑选卫生条件较好的饭馆就餐，并尽量少食凉拌菜，最好不要在露天饮食小摊点就餐。

（2）讲究个人卫生，饭前便后及处理生的食物（鱼、虾、蟹、贝类等水产品）后要用肥皂和水反复洗手。勤剪指甲，勤换衣服，搞好环境卫生，消灭苍蝇、蟑螂、老鼠等传染媒介。

（3）当发生腹痛、腹泻、恶心、呕吐等胃肠道症状时，要及时去附近的正规医院治疗，以免延误病情。

226. 如何预防禽流感？

（1）应努力改变购买和消费活禽的习惯，选择正规的超市或农贸市场，购买经正规部门检疫确认是安全的冷鲜、冰鲜禽类，这样可以极大降低 H7N9 病毒的感染风险。

（2）尽量避免接触活禽，更不要接触病死禽。在禁止活禽交易的地区，发现有流动摊贩销售活禽，应及时举报。

（3）注意生熟分开，烧熟煮透。做饭做菜时，一定要做到生熟分开。鸡、鸭等禽肉及禽蛋等一定要烧熟煮透后再吃。

（4）从事禽类养殖、运输、销售、宰杀等行业人员在接触禽类时，要做好个人防护（戴手套、戴口罩、穿工作服），接触后注意用消毒液和清水彻底清洁双手。农村家禽、家畜饲养一定要与居住生活环境相对隔离，避免不同禽畜混养，也不要将外来禽与家养禽混养。发现病死禽要及时报告动物卫生监督机构。

（5）如果出现发热、头痛、鼻塞、咳嗽、全身不适等症状，应佩戴口罩，尽快到医院就诊，并主动告诉医生自己发病前是否接触过禽类及其分泌物、排泄物，是否到过活禽市场等情况，以便医生及时、准确作出诊断和给予针对性的治疗。

（6）保持良好的个人卫生习惯，勤洗手，咳嗽和打喷嚏时遮掩口鼻，不喝生水。居住、生活环境要注意适度通风换气。注意饮食和营养，保证充足睡眠，加强体育锻炼，增强体质，提高免疫力。

227. 如何预防诺如病毒？

大多数感染诺如病毒的患者病情较轻，2~3天痊愈，但婴幼儿、老年人等本身抵抗力较差的人群，感染后可能因脱水发展为重症。对于诺如病毒感染，目前没有疫苗预防，也没有特异性药物，一般只能对症治疗。预防诺如病毒最关键、最有效的是做好四件事：

（1）勤洗手。尤其是在吃饭前、做饭前、上厕所后，一定要用肥皂及清水彻底洗净双手。

（2）洗净果蔬。水果、蔬菜，在食用之前务必认真清洗干净，建议瓜果削皮后再吃。

（3）食物要煮熟煮透。吃的东西一定要煮熟煮透，特别是生蚝之类的海产品。

（4）加强通风。家里、工作场所、集体场所，要常开窗，保持室内空气流通。

228. 学校如何预防红眼病？

（1）教育学生做好个人卫生和公共卫生，最重要的是教育学生养成不揉眼、勤洗手的个人卫生习惯。

（2）发现首例患者后，尽快做好隔离消毒工作。患者不能随便到公共场所，随意拿取东西，避免造成疫情传播流行。患者须隔离治疗7～10天。

（3）患者脸盆、毛巾、手帕、书本应进行消毒，不与健康人混用。消毒方法有煮沸、日光下曝晒、消毒液浸泡等。

（4）患者接触过的桌子、椅子等物品应注意消毒，可采用来苏液消毒液或1%～3%漂白粉澄清液等作为消毒剂，对物体表面进行擦拭消毒。

（5）在疫情流行期间，学生不去网吧、游戏机厅、理发店、饭店、游泳池等公共场所。

229. 如何全面彻底消毒畜禽栏舍？

在补栏前，必须严格消毒，杀灭病原微生物，确保畜禽安全生产。消毒对象包括：畜禽粪便、道路、地场、圈舍、饲槽、水盆、交通工具等。

（1）圈舍消毒：粪便、垫料（草）等清扫物，堆积压实发酵（最好在离场舍较远的干燥处，挖掘专用发酵坑密封消毒）；地面、墙壁、门窗、用具等根据传染病的种类，选择适宜的消毒液进行彻底喷洒和清洗。

①消毒药品可用抗毒威；消毒王1：300；也可用1：300的百毒杀喷雾消毒。

②一般每平方米至少用1升左右的消毒液，喷洒消毒液后，

关闭门窗 2～3 小时，然后开门窗通风，再用清水洗刷饲槽。如是土质的圈舍，应在消毒后用新土垫圈并撒生石灰压实。

③福尔马林熏蒸消毒：具体做法是先把高锰酸钾放在容器中，摆在消毒的地方，然后加入福尔马林。由于两种药物起反应时会沸腾，产生大量的气泡，所以使用的容器要深，容积比所用溶液大 10 倍以上。但使用时千万不要把高锰酸钾加到福尔马林中。用药浓度为每立方米空间用福尔马林溶液 28 毫升、高锰酸钾 14 克，加水 14 毫升。一般要求密封消毒 12～24 小时，然后开足门窗把余气放净。

④也可用 0.2%～0.5% 过氧乙酸（每立方米 2000 毫升）喷雾消毒。

（2）周围场地、道路的消毒可用 10% 漂白粉或 0.5% 过氧乙酸（每平方米 200 毫升）喷洒。如泥土场地应掘起表层土撒漂白粉，混合后深埋；水泥、柏油场地、道路可选用 2%～3% 烧碱液喷洒消毒，使用前必须反复冲洗（其间应有一定的间隔，最好隔天冲洗）。

230. 养殖场如何消毒?

饲养人员及上级业务检查人员进入养殖场区时，必须严格遵守消毒程序：更衣，换鞋，喷雾和紫外灯照射消毒后，方可进入。非生产人员严禁进入场区。

（1）环境消毒。畜舍周围环境每 2～3 周用 2% 火碱消毒或撒生石灰 1 次；场周围及场内污水池、排粪坑、下水道出口，每月用漂白粉消毒 1 次。大门口、猪舍入口消毒池要定期更换消毒液。

（2）畜舍消毒。每批商品畜调出后，要彻底清扫干净，用高压水枪冲洗，然后进行喷雾消毒或熏蒸消毒。间隔 5 ~ 7 天，方可转入下批新畜。

（3）用具消毒。定期对保温箱、补料槽、饲料车、料箱、针管等进行消毒，可用 0.1% 新洁尔灭或 0.2% ~ 0.5% 过氧乙酸消毒，然后在密闭的室内进行熏蒸。

（4）带畜消毒。定期进行带畜消毒，有利于减少环境中的病原微生物。可用于带畜消毒的消毒药有：0.1% 新洁尔灭、0.3% 过氧乙酸、0.1% 次氧酸钠。

（5）储粪场消毒。畜禽粪便要运往远离场区的储粪场，统一在硬化的水泥池内堆积发酵后出售或使用。储粪场周围也要定期消毒，可用 2% 火碱或撒生石灰消毒。

（6）病尸消毒。畜禽病死后，要进行深埋、焚烧等无害化处理。同时立即对其原来所在的圈舍、隔离饲养区等场所进行彻底消毒，防止疫病蔓延。

需要注意的是，无论选择哪种消毒方式，消毒药物都要定期更换品种，交叉使用，这样才能保证消毒效果。

231. 如何避免儿童饮食中的化学物质污染?

食品中的化学物质污染有农药残留、兽药残留、激素和食品添加剂滥用、重金属污染等。农药残留、兽药残留和激素滥用可能导致腹泻、过敏、性早熟等。因此，蔬菜、水果应清洗干净，能削皮的削皮，要选择正规厂家的动物性食品原料，不吃过大、催熟的水果等。

滥用食品添加剂是儿童食品中化学污染的主要问题。街头巷尾的小摊小贩、学校周围的食品摊点，都可能出售没有食品安全保障的、五颜六色的、香味浓郁的劣质食品。近年来医学界发现的中学生肾功能衰竭、血液病病例，已证实了儿童时期食用过多劣质食品的危害。因此，儿童应避免食用这些劣质食品。

儿童的铅污染问题也值得关注。与铅有关的食品有松花蛋、爆米花，餐具有陶瓷类制品、彩釉陶瓷用具及水晶器皿；含铅喷漆或油彩制成的儿童玩具、劣质油画棒、图片是铅暴露的主要途径之一。因此，儿童经常洗手十分必要。另外避免食用内含卡片、玩具的食品。

232. 如何避免儿童饮食中可能有的生物性污染？

生物性污染主要包括寄生虫性的、细菌性的、真菌性的、病毒性的和由此引起的有毒代谢产物对食品的污染，这些生物性污染经常引起儿童食物中毒和胃肠疾病。

为避免此类污染，家长需特别注意：

（1）不给儿童吃生猛海鲜、涮羊肉。

（2）不食用除鱼脑以外的其他动物性脑组织。

（3）不吃不新鲜的蔬菜、水果。

（4）凉拌菜食用前要充分清洗、消毒。

（5）不让儿童吃剩饭剩菜。

（6）慎用微波炉给儿童制作、加热食品。

（7）尽快食用制作好的食物，放置不超过2小时（夏季不超过1小时）。

（8）因一些菌在低温下可以繁殖，所以冰箱不是保险箱，存放食品有一定的期限。打开的罐头、果酱、沙拉酱在冰箱中存放后不能直接给儿童食用；打开的果汁在冰箱中存放不超过一天。

（9）少给儿童食用含沙拉酱的夹馅面包。

（10）夏季谨慎食用冰棍、冰激凌。

（11）儿童的餐具要经常消毒。

（12）不吃过期食品。

（13）不吃霉变甘蔗。

（14）科学制作儿童食物，加热彻底，尤其是海产品。

233. 如何预防狂犬病？

狂犬病是由狂犬病毒引起的一种人畜共患传染病。人被带有狂犬病毒的狗、猫咬（抓）伤后，会患狂犬病。一旦发病无法救治，病死率达 100%。日常生活中，狗、猫等动物饲养人有义务按照规定为饲养物接种兽用狂犬病疫苗。发现狗、猫等动物出现精神沉郁、喜卧暗处、唾液增多、后身躯体软弱、行走摇晃、攻击人畜、恐水等症状，要立即报告当地动物卫生监督机构。

被狗、猫咬伤后，应做如下处理：

（1）首先要挤出污血，用 3% ~ 5% 的肥皂水反复冲洗伤口；然后用清水冲洗伤口至少 20 分钟；最后涂擦浓度 75% 的酒精或者 2% ~ 5% 的碘酒。只要未伤及大血管，切记不要包扎伤口。

（2）伤者应立刻到医疗门诊接种人用狂犬病疫苗。第 1 次注射狂犬病疫苗的最佳时间是被咬伤后的 24 小时内；第 3 天、第 7 天、第 14 天和第 28 天再各注射一次。

（3）如果一处或多处皮肤被穿透性咬伤，伤口被动物的唾液污染，在注射狂犬病疫苗的同时，必须注射抗狂犬病血清。

（4）攻击人的动物暂时单独隔离，并向当地动物防疫监督机构报告。

234. 如何预防装修污染?

（1）追求简单实用的装修设计风格，选择低污染的设计方案，并做污染预评估。同时，方案要留足通风口。

（2）选择合格的环保型装修材料并控制用量。多选择透石木金属等自然材料，避免使用人工合成材料。减少装修材料的使用量和施工量。

（3）及时处理装修完工后的剩余装饰材料，人造板、涂料、油漆、胶黏剂等材料中的有害物质会不断挥发，要及时将这些材料进行有效合理的处理，千万不能放在室内。

235. 如何预防病毒性肝炎?

病毒性肝炎，是指由肝炎病毒引起的一种传染性疾病，主要分为甲、乙、丙、丁、戊五种类型。甲型、戊型肝炎一般通过饮食传播，毛蚶、泥蚶、牡蛎、螃蟹等均可成为甲肝病毒携带物。乙型、丙型和丁型肝炎主要经血液、母婴和性接触传播，部分慢性乙型肝炎患者还可能发展为肝癌或肝硬化。预防病毒性肝炎要做到以下几点：

（1）养成用流动的水勤洗手的好习惯。

（2）生熟食物要分开放置和储存，避免熟食受到污染。

（3）毛蚶、牡蛎、螃蟹等水产品，须加工至熟透再吃。

（4）生吃的水果蔬菜要洗净。

（5）不喝生水。

236. 如何确保农村饮用水安全？

（1）要保护好饮用水源。及时清除水源周围的垃圾及污染物，将人畜饮用水源分开，保证饮用水卫生安全。

（2）饮用水源地要远离厕所、畜舍、垃圾堆，水源周围禁止堆放人畜粪便及其他污染物。无自来水供应的地方应优先选用泉水或井水。

（3）启用新的水源时应对水质进行检测，确定水质符合生活饮用水卫生标准后方可饮用。

（4）做到喝开水，不喝生水。一般细菌在水温80℃左右就不能生存，将水煮沸几分钟后，可以将水中的大部分细菌、病毒杀死。

（5）必须消毒饮用水。在干旱时，卫生条件常常较差，疾病暴发的危险性比较高，尤其是在低免疫力人群中。因此，在应急情况下应该消毒饮用水，并使供水系统中维持适当的消毒剂余留量（如氯）。

（6）如需要远距离运水时，要注意防止运水过程造成饮用水的污染。送水工具在使用前必须彻底清洗消毒。

（7）备用水源点要设立保护区，禁止排放有毒物质，如废水、废渣、垃圾、粪便等污染物。

（8）遇生活饮用水水质污染或不明原因水质突然恶化及水源性疾病暴发事件时，必须立即采取应急措施，并及时报告当地卫生行政部门。

第十六章 乡村应急常识

237. 家庭成员应掌握哪些安全应急常识?

（1）了解所在地区和居住地周围近年来常见的事故灾害类型，做到心中有数。

（2）了解所在社区、企业（单位）的应急计划，了解本地区和子女所在学校的应急预案。在制定家庭应急计划时，这些内容可作为重要参考。

（3）关注所在地的天气预报和事故灾害信息发布。

（4）掌握火灾、地震、洪水等事故灾害的基本应对常识，懂得如何自救、互救。

（5）掌握一些急救知识，如心肺复苏术、骨折紧急处理方法等。

（6）了解家中可能存在的安全隐患和盲点，能够正确找出隐患，并及时消除。

238. 如何消除家庭安全隐患?

（1）检查电线有无老化、破损现象，电气线路有无超负荷使用情况，插头、插座是否牢靠，避免将盛水的花瓶、水杯等容器放置在电视机或影音器材上。

（2）检查家人是否养成了外出关闭电源、气源的良好习惯，烹饪时是否有中途离开或经常性离开的现象。

（3）检查楼梯、走道、阳台是否存放易燃、可燃物，检查家中是否存放超过 0.5 千克的汽油、酒精、香蕉水等易燃易爆物品。

（4）检查家用电器出现故障后是否带"病"工作，灯具是否远离窗帘、衣物等易燃物品，移动式加热器是否与人、窗帘和家具保持足够的安全距离，家中的废纸、书报是否经常清理，火柴、打火机等物品是否放在儿童不易取到的地方。

（5）检查家中的燃气灶、燃气软管和管道是否有漏气现象。若家中没有烟雾报警器和燃气泄漏报警器，应及时安装。注意安装在恰当的位置，并经常检查，确保完好可用。

（6）检查衣柜顶等高处有无行李箱等重物，以免坠落伤人。检查家中的窗户能否开关自如。

（7）排查家中其他安全隐患。可在厨房里配备灭火器，并教家人正确使用方法。

239. 如何编制家庭应急计划?

（1）征求家人的建议，共同制定个性化的应急计划，组织一次全家大演习，经过讨论不断完善家庭应急计划。

（2）确定发生火灾等紧急情况时的逃生路线，明确每个房间到安全出口的最佳路线。绘制所在楼层的平面图和逃生路线图并贴在家中，让家人尽快熟悉。

（3）针对不同的事故灾害，确定家中的避难点，确定家庭成员的紧急集合处，最好有两处：家中发生意外时可去的屋外安全地点；当发生意外难以到达原定地点时，可去的其他便捷地点。

（4）明确一些重要事项，要求家人必须做到。如发生火灾时，不能乘坐电梯逃生；发生燃气泄漏时，应立即打开窗户通风；遭遇洪水时，应立即撤离到地势较高的区域躲避等。

（5）针对家中的特殊人群，根据需要制定分计划。如家中有行动不便的老人、患者，应提前准备好轮椅、拐杖，并明确紧急情况下由专人进行救助。

（6）在家庭成员中普及常用安全知识，结合新近发生的事故灾害，及时提醒家人注意防范。告知家人电源总开关、燃气阀门的位置，并教会他们在紧急情况下正确切断电源总开关和燃气阀门的方法。

（7）制订家庭联络表。包括家庭成员、朋友、邻居、外地重要联系人的联系方式。

（8）保存重要单据。妥善存放保险单、房契、合同、财产清单、存折等重要单据，并准备复印件。

（9）做好安全救护。学习紧急救护常识和灭火器等使用方法。

240. 如何装配家庭应急箱?

为了在突发情况下能及时自救,每个家庭都应该准备一只急救箱。如果家庭中有婴幼儿、老人或患者特殊疾病的人,家庭急救箱就更有必要了。

家庭急救箱配备品的大致分三部分:

(1)敷料类。主要指医用纱布、棉棒、绷带、创可贴,等等。

(2)器材类。主要指体温计、医用一次性手套、止血带、医用镊子、医用剪刀、止血钳,等等。

(3)药品类。包括外用药,如酒精、碘酒、清凉油、红花油,治过敏药,等等;内服药,如感冒药、解暑药、止痛药、晕车药、助消化胃药、止泻药,等等。

(4)食品类。罐头和无须冷藏、烹饪、特殊处理的食品是首选,但应避免选择容易引起口渴的食品。

(5)饮用水。推荐购买瓶装水,应留意有效期。

(6)其他物品。如便携式收音机、手电筒、哨子、火柴等。

家庭急救箱当中的药品、辅料等需要定期检查和更换,及时淘汰过期的药品。而器材则需要在每次使用后进行消毒处理,以免造成细菌堆集。

241. 如何正确使用 110 报警电话？

发现刑事、治安案件，危及公共与人身财产安全和扰乱公众正常工作、学习与生活秩序的案件时，应及时拨打 110 报警电话。

（1）110 是公安机关设置的用于接受报警、救助、举报、投诉的紧急电话。当发现斗殴、盗窃、抢劫、偷窃等刑事案例、治安案例，或者要举报各种犯罪行为及犯罪嫌疑人时应立即报警。但不要随意拨打 110，以免占用有限的警务资源。

（2）报警时要实事求是，讲清姓名、住址、联系方法，并按接警员的询问如实回答。不要夸大事实，以免影响民警正常判断。如对案发地不熟悉，可提供附近明显的建筑物，大型场所、单位的名称。

（3）报警完毕，没有特殊情况不要离开现场。应在现场等候，以便民警及时了解情况，跟进处理。

242. 如何正确使用 122 交通事故报警电话？

发生交通事故或交通纠纷，可拨打 122 或 110 报警电话。

（1）拨打 122 或 110 时，必须准确报出事故发生的地点及人员、车辆伤损情况。

（2）双方认为可以自行解决的事故，应把车辆移至不妨碍交通的地点协商处理；其他事故，需变动现场的，必须标明事故现场位置，再把车辆移至不妨碍交通的地点，等候交通警察处理。

（3）遇到肇事逃逸车辆，应记住肇事车辆的车牌号，如未看清肇事车辆车牌号，应记下肇事车辆车型、颜色等主要特征。

（4）交通事故造成人员伤亡时，应立即拨打120急救求助电话，同时不要破坏现场和随意移动伤员。

243. 如何正确使用120医疗急救求助电话？

需要急救服务时，可拨打120急救求助电话。

（1）拨通电话后，应说清楚患者所在方位、年龄、性别和病情。如不知道确切的地址，应说明大致方位，如在哪条大街、哪个方向等。

（2）尽可能说明患者的发病表现，如胸痛、意识不清、呕血、呕吐不止、呼吸困难等。

（3）尽可能说明患者患病或受伤的时间，如意外伤害，要说明伤害的性质，如触电、爆炸、塌方、溺水、火灾、中毒、交通事故等，并报告受害人受伤的部位和情况。

（4）尽可能说明特殊需要，了解清楚救护车到达的大致时间，随时准备接车。

后 记

与多数中国人一样，我的祖上三代都是地道的农民，直到我父亲才靠人民助学金读完大学进城。尽管我在城里出生，童年却是在辽东农村黑土地里成长度过的。这不仅因为我是家中的长子，理应子代父职、承欢膝下、以奉天恩，更因为父母工作忙碌、两地分居，且母亲当时又有身孕，只能将我寄养乡间。回想起来，那时农村的物质条件极差，但孩子是没有贫富概念的，如今东北老家留给我的只有浅浅的快乐记忆……

我本科就读于城市建设系，不过同寝室老大莱阳梨、老二南阳诸葛、老三武昌鱼、老四安福茶、老七盖县苹果都是不折不扣的"乡巴佬"。跳出"农门"是大家的共同理想，在那个毛升学率不到3%的精英教育时代，我们可以说是绝对成功的。

也许是造化弄人，我做梦也想不到自己这个城里人，大学毕业时却为了理想来到了辽东农村，成了真正的乡下人。

我的第一份工作是在辽宁省东港三建做安全员。此地为甲午海战故地的大东沟，我工作的乡镇叫汤池，紧邻的浪头、前阳两机场是当年王海、张积惠、曹双明等著名空军将领的立威之地。我的第一个工程是丹东消防支队指挥中心。"赴汤蹈火、竭诚为民"，冥冥之中，天命于我，前尘已定。

职业使然，使我有幸与农民工同吃同住在一辆报废公汽改造的工棚里，一起干活、吹牛、打牌、喝酒，有幸深入到农民的内心世界。在公司办公室里，曾好奇地拆开返乡民工的家书，在那些猪已上膘、鸡还安好、母慈子安之类的絮语中，泪水不知不觉间滑落，同是天涯沦落人，相逢对面不相识……

一年后，我调到镇人大当公务员。春种夏收、防洪抗风、防治白蛾、抓计生工作、缉拿逃犯、调解农民、社教宣传等乱忙，最有意思是与经常喝得半醉、口哼酸曲的税务老黄一起上山查农业税源，诸如此类，不经意间为10年后的第一篇学术文章种下因缘。

从这以后，入辽宁省总工会和辽宁省发展计划委员会工作。1999年，入沈阳农业大学读博士，研究农村金融发展。导师方天堃教授面谕：做土地制度的法经济学分析似为正道。可惜我资质愚钝、工作繁忙，未能领悟恩师的高明之论，后悔未及。

2003年春，我到著名学者温思美教授门下做博士后。广州的温润丰泽与华农的包容兼收也如春风化雨点滴在心头。在那个"非典"的暑假，独自一人蜷缩在华农六一区炎热的小屋里，全身心地投入到"农业税收比较研究"的初稿写作中，在温老师和师母孙良媛教授的精心指导下，论文最终发表于《管理世界》并于两年后获得第二届"中国农村发展研究奖"的提名奖。之后，我承担了农业部软科学、广东省重大决策咨询、广东省"十一五"规划前期研究等课题。华农重视田野调查和乡土经验的优良传统，为我提供了深入了解南粤农村的难得机会，有幸结识了一大批主管部门领导、基层农村干部和同行学者，广东农民惊人的创造力与广东农村巨大的活力让我感动，而珠三角眩目的富庶和连南民族山乡现实的贫困后也让我看到了复杂多致的广东，原来富甲天下的广东居然也和全国一样，存在区域之间、城乡之间、经济与社会发展的巨大不平衡……

2005年，我到暨南大学任教，既是路径依赖，更是角色使然。我开始用公共管理和公共经济学的方法及话语体系来思考解读"三农"问题，并长期担任广东省科技厅农村科技战略咨询专家和广东省农业经济学会理事等工作。

2008年后，根据学科建设的需要，我开始转向应急管理研究。从事应急预案与演练、风险评估、应急管理信息平台规划、应急科普等研究，并承担了大量实际部门的课题及咨询工作。

作为有过多年实际工作经验的学者，学以致用关乎初心。为了这份初心，我先后考取律师、注册咨询工程师（投资）、注册城市规划师、注册安全工程师等职业资格，不意间已是职业资格最多的高校文科老师之一。为了这份初心，老友何丞一声召唤，我即应下《新时代乡村振兴百问百答丛书》中关于农村防灾减灾与应急分册的重任，并蒙主编何老师、编辑部及诸领导厚爱，格外开恩分两册出版。

值此成书之际，愚真诚感谢业师李恩辕、方天堃、温思美三位教授的化育之恩。感谢丛书总编何丞先生的提携之谊。并特别感谢中山市应急管理局慷慨无私地转让应急避险系列科普视频使用权并在本书无偿链接使用。

最后，感谢广东人民出版社政治读物编辑室编辑们的杰出工作，感谢研究生吴晓轩同学出色的校对工作，也感谢多年来暨南大学应急管理学院诸同事及学生们的包容与支持。

受学识及时间所限，书中贻笑大方之处必挂一漏万，恳请各界先进及诸位书友不吝赐教！

愚感激不尽！叩首为尊！

洪凯（花名应急胖红）于暨南园

2019 年 8 月